マインクラフト
MINECRAFT

Additional Illustrations by George Lee
Special thanks to Sherin Kwan, Alex Wiltshire, Jay Castello,
Kelsey Ranallo and Milo Bengtsson.

Additional images used under licence from Shutterstock.com

本書の情報はすべてMinecraft Bedrockエディションに基いています。

[日本語版制作]
編集・DTP：株式会社トップスタジオ／翻訳：株式会社トップスタジオ／担当：細谷 謙吾・村下 昇平

若い世代のファンのためのオンラインでの安全性
オンライン上で時間を過ごすことはとてもおもしろいものです。若い世代のファンが安全に、インターネットをすばらしい場所として過ごすためのいくつかの簡単なルールを記しておきます。

・決して本名を明かさないこと。ユーザー名には本名を使用しないでください。
・詳しい個人情報を決して明かさないこと。
・通っている学校名や自分の年齢などを誰にも教えないこと。
・親や保護者以外の人にパスワードを教えないこと。
・多くのサイトでアカウントを作る際は、13歳以上でなければなりません。常にそのサイトのサイトポリシーを確認し、登録する前に親や保護者に許可を得ること。
・何かしらの困ったことがある場合は必ず親や保護者にそれを伝えること。

オンラインでの安全性を確保してください。本書に記載されているすべてのWebサイトアドレスは、印刷時点で正しいものです。ただし、Farshoreや技術評論社は第三者がホスティングしているコンテンツに対して責任を負いません。オンラインコンテンツは変更される場合が多いことや、Webサイトには子供に不適切なコンテンツが含まれる場合があることにご注意ください。すべての子供たちがインターネットを利用する際には監視されることをお勧めします。

本書に記載された内容は、情報の提供のみを目的としています。したがって、本書を用いた運用は、必ずお客様自身の責任と判断によって行ってください。これらの情報の運用の結果について、技術評論社および著者はいかなる責任も負いません。本書記載の情報は、2024年3月現在のものを掲載していますので、ご利用時には、変更されている場合もあります。また、ソフトウェアに関する記述は、特に断わりのないかぎり、2024年3月現在での最新バージョンをもとにしています。ソフトウェアはバージョンアップされる場合があり、本書での説明とは機能内容や画面図などが異なってしまうこともあり得ます。
以上の注意事項をご承諾いただいた上で、本書をご利用願います。これらの注意事項をお読みいただかずに、お問い合わせいただいても、技術評論社および著者は対処しかねます。あらかじめ、ご承知おきください。

Minecraft[公式]最新版マインクラフトはじめてガイド

2024年12月3日 初 版 第1刷発行

著 者 Mojang AB
発行者 片岡 巌
発行所 株式会社技術評論社
東京都新宿区市谷左内町21-13
電話 03-3513-6150 販売促進部
03-3513-6177 第5編集部

定価はカバーに表示してあります。
本書の一部または全部を著作権法の定める範囲を越え、無断で複写、複製、転載、あるいはファイルに落とすことを禁じます。

造本には細心の注意を払っておりますが、万一、乱丁（ページの乱れ）や落丁（ページの抜け）がございましたら、小社販売促進部までお送りください。送料小社負担にてお取替えいたします。

ISBN978-4-297-14279-7 C3055

■お問い合わせについて
本書の内容に関するご質問につきましては、弊社ホームページの該当書籍のコーナーからお願いいたします。お電話によるご質問、および本書に記載されている内容以外のご質問には、一切お答えできません。あらかじめご了承ください。
また、ご質問の際には、「書籍名」と「該当ページ番号」、「お客様のパソコンなどの動作環境」、「お名前とご連絡先」を明記してください。

●技術評論社Web サイト https://book.gihyo.jp

お送りいただきましたご質問には、できる限り迅速にお答えをするよう努力しておりますが、ご質問の内容によってはお答えするまでに、お時間をいただくこともございます。回答の期日をご指定いただいても、ご希望にお応えできかねる場合もありますので、あらかじめご了承ください。
なお、ご質問の際に記載いただいた個人情報は質問の返答以外の目的には使用いたしません。また、質問の返答後は速やかに破棄させていただきます。

マインクラフト

MINECRAFT

はじめてガイド

● サバイバルをのりこえ、クリエイティブな旅にでかけよう ●

目次

はじめに

やあ、こんにちは！ Minecraftへようこそ。きみは素晴らしい冒険をちょうどいま始めたところ？ それとも、どう始めてよいかわからなくて、助けが欲しいと思っているところ？ どちらでも大歓迎だよ。夜を生き延びることだって、すごい基地を建てることだって、すぐにできるようになるさ！

Minecraftには覚えることがたくさんあるけれど、心配はいらない。この本には、わかりやすい解説をたくさん載せているからね。サバイバルモードでもクリエイティブモードでも、きみがゲームを最高に楽しめるように、何でも教えてあげよう。

準備はいいかい？
さあ、冒険に出発だ！

Minecraft とは？

Minecraft ではどんなものでも作れます！　世界はブロックでできていて、その中で何かを組み立てたり、採掘したり、冒険に出かけたりできます。決まったストーリーがないので、自分だけの旅をしたり、やりたいことがなんでもできます。さまざまな土地を探検すれば、あらゆる場所で見たことのないモブに出会うことでしょう。友好的なモブもいれば、そうでないモブもいます。思いつくものは何でも作れます。さあ、始めましょう！

どのエディションにする？

このゲームには２つのエディションがあります。Minecraft：Java エディションと Minecraft：Bedrock エディションです。ちょっとした違いはありますが、どちらも同じようにプレイできます。どちらのエディションになるかは、プレイするデバイスで決まります。

スマートフォンまたはゲーム機を使用している場合は、Bedrock エディションです。一方、Mac や Linux でプレイする場合は、Java エディションです。Windows でプレイするメリットは、どちらかを選択できることです。どちらを選ぶかは、友だちとマルチプレイをしたいかどうかで決まることもあります。どちらのエディションもクロスプラットフォームのマルチプレイが可能ですが、友だちと同じエディションでプレイする必要があります。

シングルプレイヤー それともマルチプレイヤー？

一人でシングルプレイヤーでプレイするか、それとも仲間とマルチプレイヤーでプレイするか？　エディションを選択する前に、まずどのようにプレイしたいかを決めるとよいでしょう。

シングルプレイヤー

一人でプレイするのは、ゲームを知るにはよい方法です。どこに行くべきか教えてくれる人はいませんし、ありがたいことに、どんなにひどい死に方をしても見られることはありません。言っておきますが、本当にかっこ悪い死に方ってあるんですよ。ハップさんなんて、ヤギに崖から突き落とされたことがあるんですから（ハップさんは 58 ページで登場します）！

マルチプレイヤー

Minecraft を友だちと一緒に遊びたいのであれば、方法はいくつかあります。1 つはサーバーに接続する方法です。サーバーでは最大 30 人までプレイでき、公開または非公開にすることができます。もう 1 つは Realm を購入することです。10 人の友だち同士で安全にプレイできますが、月額料金がかかります。費用は友だち同士で分担するとよいでしょう。あるいは、自分の機器を友だちの家に持って行き、LAN（ローカルエリアネットワーク）に接続して一緒にプレイすることもできます。

プレイヤーモード

Minecraft（マインクラフト）には4種類のプレイヤーモードがあることを知っていますか？「サバイバル」と「クリエイティブ」はよく知られているので聞いたことがあるかもしれませんが、他にも2種類あります。「ハードコア」と「アドベンチャー」モードです。この本では、サバイバルモードとクリエイティブモードについて解説（かいせつ）します。どちらでも、好きなほうからプレイを始めてください。

サバイバルモード

サバイバルモードでは、持ち物が空の状態（じょうたい）でスポーンするので、食べ物や道具、隠れ家（かくれが）を作るためのブロックなど、生きるために必要なものをすべて見つけなければなりません。いたるところに危険（きけん）が潜（ひそ）んでいるし、空腹度（くうふくど）とHP（エイチピー）を維持（いじ）しなければならないので、楽ではありません。でも、そこが面白いところでもあるのです。このモードでは採掘（さいくつ）をしたり、新しいバイオームやモブを発見したりと、やることはいくらでもあります。このモードが自分に向いていると思ったら、22ページの詳（くわ）しい解説（かいせつ）を参照してください。

難易度（なんいど）

敵対的（てきたいてき）なモブがいるからといって、尻込（しりご）みしないでも大丈夫です！ 4つの難易度（なんいど）の設定（せってい）から選ぶことで、ゲームを簡単（かんたん）にしたり難（むずか）しくしたりできます。

ノーマル モブはやっかいですが、生き残るのはそれほど難（むずか）しくありません……ただし、やるべきことは心得ておいてください！

イージー 楽なほうがよいなら、このモードです。モブを倒（たお）すのはさほど難（むずか）しくありません。

ハード もっと難（むずか）しくしたいなら、ハードモードに挑戦（ちょうせん）しましょう。すべてのモブのステータスが上昇（じょうしょう）し、倒（たお）すのが難（むずか）しくなります。また、プレイヤーはモブに倒（たお）されやすくなります。その代わり、モブがより貴重（きちょう）なアイテムをドロップすることがあります。

ピースフル 敵対（てきたい）モブが苦手なら、ピースフルモードがよいでしょう。モブはプレイヤーを倒（たお）そうとはしません。

クリエイティブモード

建築だけがしたいときだってあるでしょう。ネットで誰かが作った巨大な建物の動画を見たことがありますか？　それらは、たいていはクリエイティブモードで作られたものです。クリエイティブモードでは、建築前に資源を集める必要はまったくありません。すべてが持ち物にそろっています。主に建築をして遊ぶ場合は、80ページの「クリエイティブモード」を参照してください。

その他のモード

その他のモードについて興味がある方のために、ここで簡単に説明します。ハードコアモードでは、死んだらゲームオーバーです。おそらく、まだその気はないでしょうが、スリルを求めるのならこのモードです！　またアドベンチャーモードは、物語を展開するためのアドベンチャーマップを作るのによく使われます。ほとんどのブロックは破壊できません。つまり、友だちにズルをさせずに謎解きをさせることができます。

アバターを決めよう

プレイを始める前に、アバターを選ばなければいけません！　自分に似たアバターにもできますし、ユニークなアバターを作ることもできます。プレイを早く始めたいなら（その気持ちはよくわかります）、デフォルトのスキンで始めて、後でアバターを変更してもよいでしょう。選択肢は9つありますので、それぞれを見てみましょう！

自分で作る

もっとユニークなものにしたければ、アバターの外見をカスタマイズすることもできます。PC または Mac の場合、既存のスキンをオンラインでダウンロードし、ランチャーウィンドウの「スキン」タブで読み込む必要があります。ゲーム機では、用意されたリストからスキンの特徴を 1 つずつカスタマイズして、アバターの見た目を自分に近づけることができます。自分のデバイスで何ができるかを確認してみましょう！

操作を覚えよう

Minecraftではたくさんのことができます。操作方法を見るとそれがよくわかります。ジャンプしたり、食べたり、掘ったり、建てたり、攻撃したり……いろいろありますね。でも心配しないでください。コントローラーをうまく扱えるようになるまでサポートしますよ。それに、ほとんどのデバイスでは、好みに合わせて操作方法を変更できます。では、コントローラーの使い方を見てみましょう。

スマートフォン

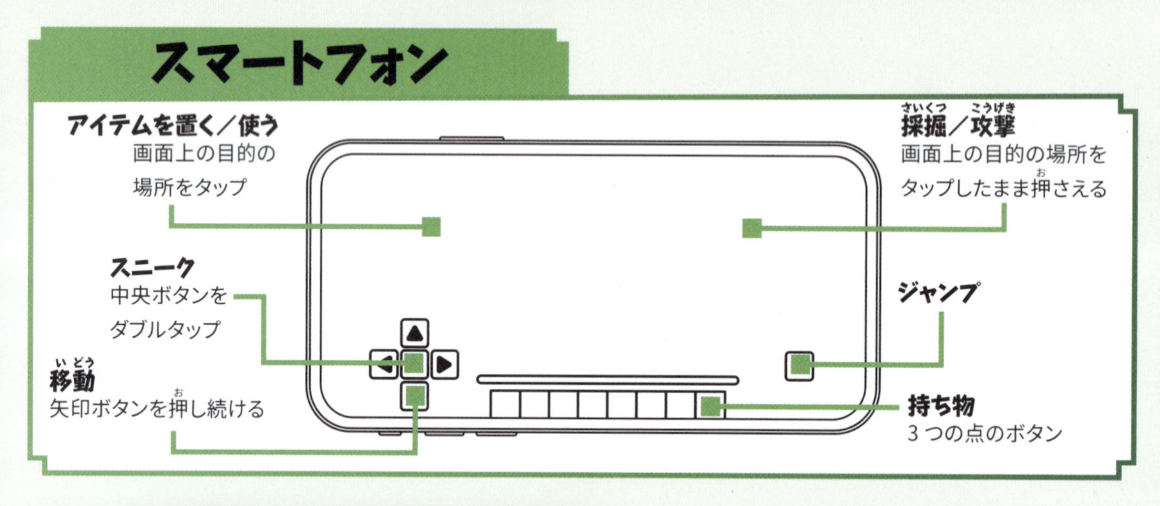

Nintendo Switch

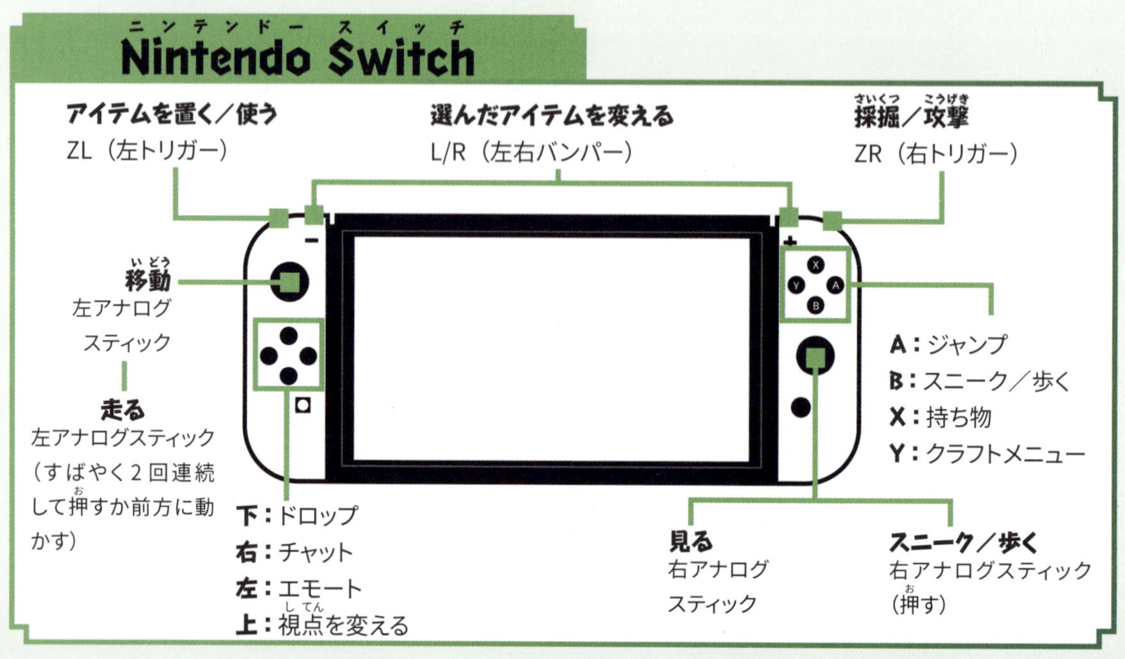

Xbox

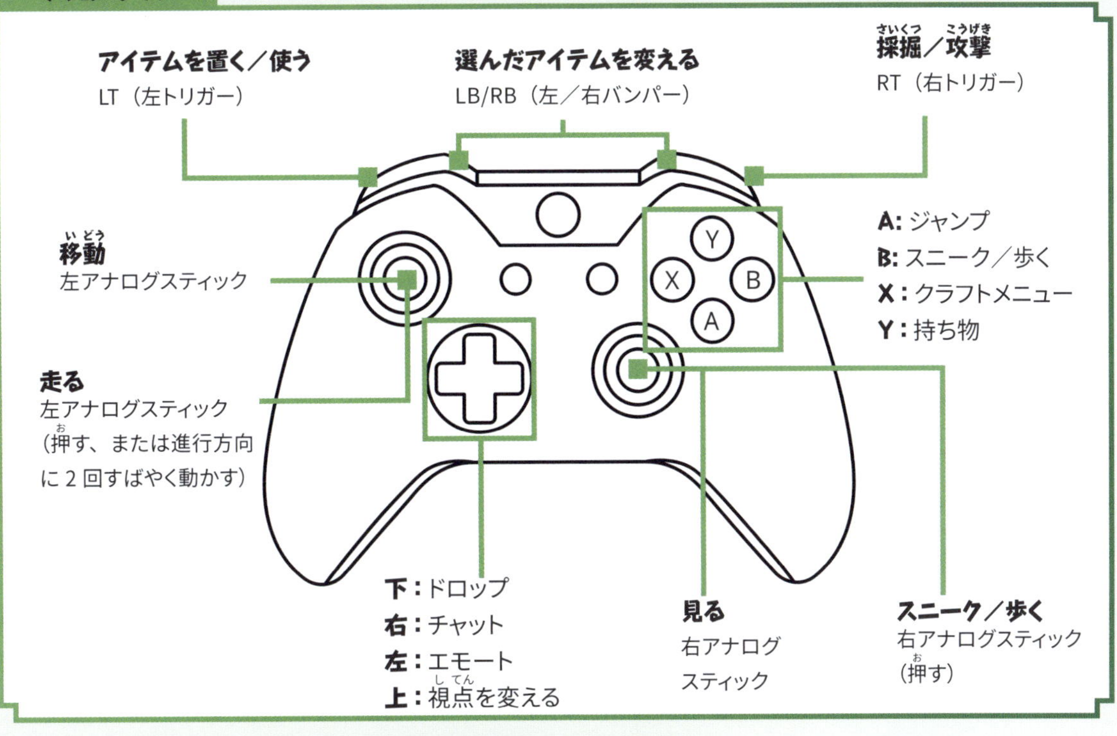

キーボードとマウス

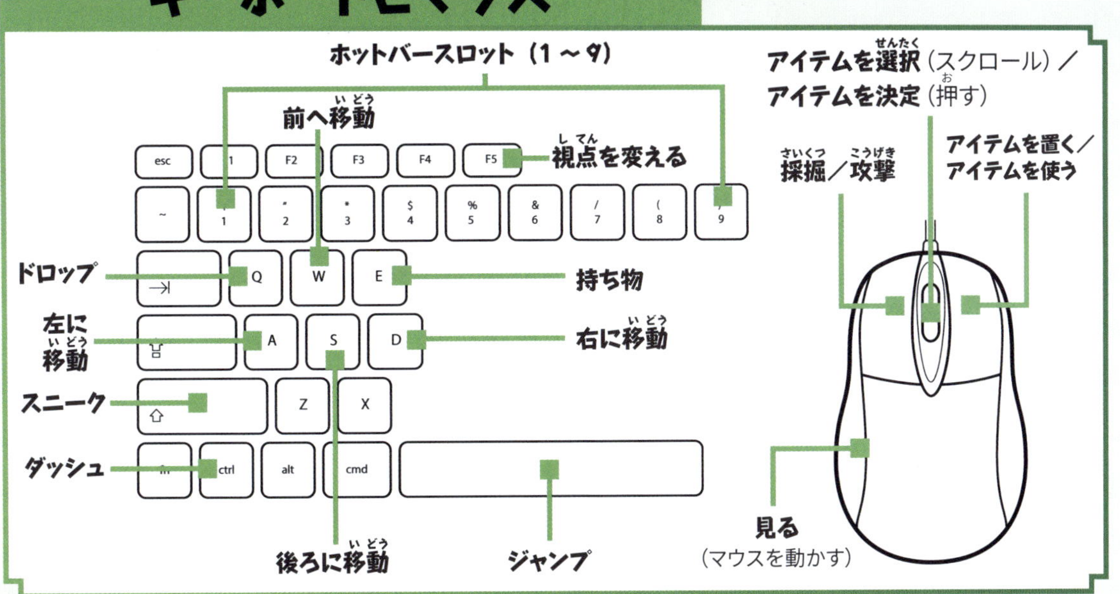

HUDと持ち物

では、プレイヤーが使いこなすべきものについて、いくつか見てみましょう。ヘッドアップディスプレイ（HUD）には、プレイヤーのキャラクターに関する重要な情報が表示されます。クリエイティブモードで一番重要なのは持ち物ですが、サバイバルモードでは、HP、空腹度、経験値などにも注意する必要があります。では、詳しく見てみましょう！

クロスヘア

画面中央のこの小さな十字は、すべてのゲームモードで表示されます。弓やクロスボウなどの遠距離武器を撃つときに便利ですが、ブロックを正しい場所に置きたいときにも役立ちます。

経験値

モブを倒したり、何かの作業を完了した後に、緑色のオーブが表示されることに気づきましたか？見た目はエメラルドのようですが、なぜか持ち物には表示されません。それらは経験値オーブです。経験値レベルを上げてくれるものであり、経験値レベルが上がれば、ポーションの醸造やアイテムのエンチャントなどの能力が使えるようになります。

これはサバイバルモードの画面です。

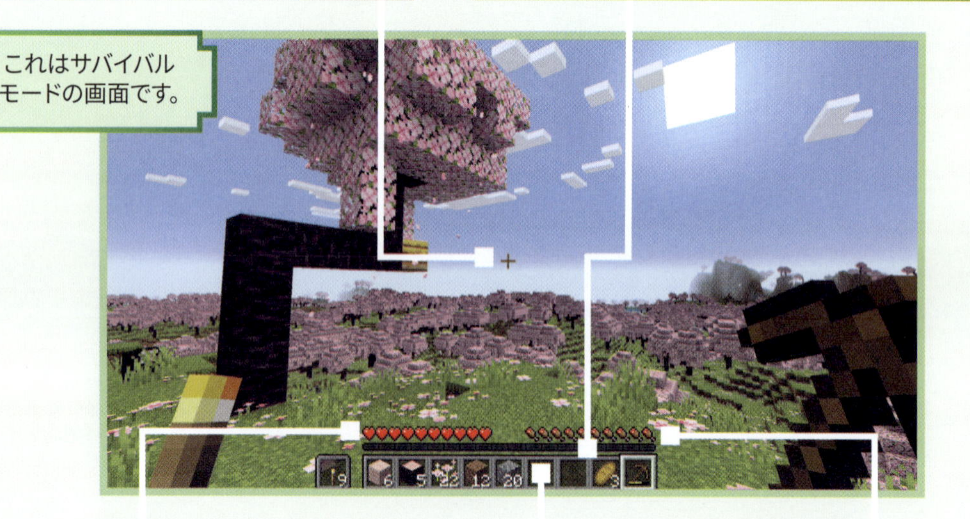

HP

プレイヤーのHPはハートの数で示されます。1つのハートは2HPを表します。ハートは全部で10個あるので、HPは20ポイントです。できるだけHPが減らないようにしましょう。HPがなくなると死んでしまいます。

ホットバー

ホットバーって何でしょう？　何がホットなんでしょうか？　もちろん、そこに入れたスゴイもの全部です！この9つのスロットを使うと、持ち物のアイテムをすばやく取り出せます。常に画面に表示されているので、スロットを簡単に切り替えられるのです。

空腹度

幸いなことに、空腹度を満タンにすればHPを回復できます。HPと同様に空腹度も20ポイントあり、10本の骨付き肉で表されます。食べ物をたくさん食べれば、空腹度を満タンに保てます。

持ち物

持ち物はどちらのモードでもほとんど同じように見えますが、1つだけ大きな違いがあります。サバイバルモードでは最初は持ち物が空っぽですが、クリエイティブモードではアイテムのカタログがあり、持ち物に自由に追加できます。また、Bedrock エディションと Java エディションのどちらをプレイしているかによって、見た目も少し違いますが、動作はほぼ同じです。

レシピ本

上部には、クラフトに必要な材料がそろっているアイテムがすべて表示されます。その下には、クラフトに必要な材料が足りないアイテムがすべて表示されます。アイテムをクリックするとレシピが表示されるので、何を集めればそれを作れるのかがわかります。

サバイバル

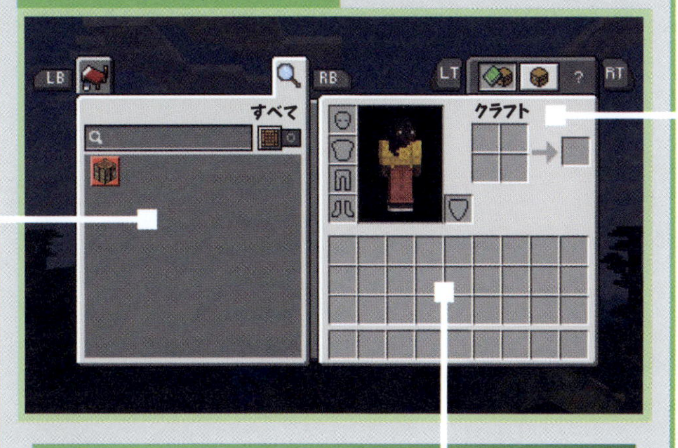

格納スペース

持ち物の中には、27個のスロットがあります。各スロットには最大64個のアイテムをスタックできます。ただし、最大16個までしかスタックできないアイテムや、武器などのようにスタックができないアイテムもあります。

クラフトグリッド

最初は、この2×2グリッドでクラフトができます。ただし、ほとんどのレシピでは3×3のグリッドが必要なので、すぐに自分で作業台を作成することが必要になるでしょう。

アイテムカタログ

クリエイティブモードでは、クラフト可能なアイテムではなく、すべてのブロックとアイテムのリストが表示されます。モンスタースポナーやスポーンエッグのように面白いものもあります。

クリエイティブ

格納スペース

サバイバルと同じ27個のスロットとホットバーがありますが、持ち物に何かを追加するときに、スロットあたり64個の制限はありません。ブロックとアイテムは無制限に使えます。

新しい世界に飛び込もう

早くゲームを始めたくて、うずうずしていることでしょうね。もうすぐなので、心配しないでください！　自分の世界を作るときが来ました。Minecraft では世界はシードと呼ばれており、探検ができるシードは無数にあります。同じものが 2 回生成されてしまう可能性は非常に低いと言えますが、ゼロではありません。

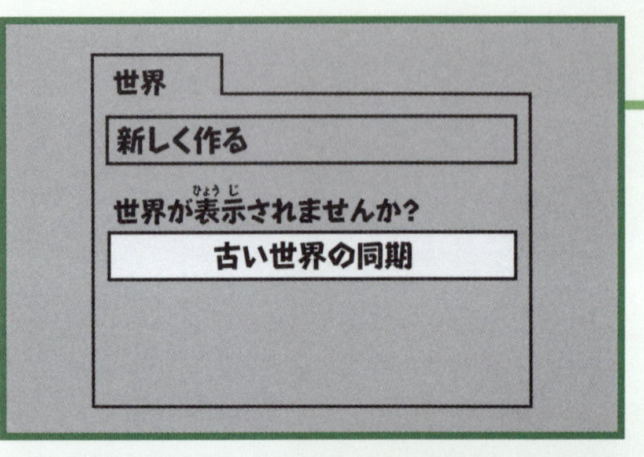

世界を作る

「世界」タブの「新しく作る」をクリックして、新しい世界の作成を始めます。

一般的な設定

さて、自分の世界の名前を考えなくてはなりません。好きな名前でかまいません。せっかくなので、ユニークなものにしましょう。

次に、プレイするゲームの種類を決めて、ゲームモードと難易度を選択する必要があります。

詳細な設定

標準の世界でよければ、この手順は飛ばしてもかまいません。

友だちと同じ世界を生成したいですか？　シードは無数にありますが、特定のシードを生成することもできます。シードには 19 桁のコードがあり、このコードさえあれば、同じ世界を再び生成することができます。もちろん、シードは同じでも、以前にそのシードを使ったことのある人とは違う場所にスポーンする可能性が高いです。

他にも面白い設定がいくつかあります。「平坦な世界」では世界全体が完全に平らになります。また、とても便利な「ボーナスチェスト」オプションもあります。これを選ぶと、冒険を始めるのに役立つ便利なアイテムが詰まったチェストの近くにスポーンできます。

スポーンする

スポーンする場所は完全にランダムです。つまり、初心者にとって理想的な場所にスポーンできるかもしれませんが、生き残るのが難しい場所にスポーンする可能性もあります。では、良いスポーンと悪いスポーンの違いを見てみましょう！

幸運なスポーン

運が良ければ、タイガバイオームやサバンナバイオームなど、樹木や動物が豊富なバイオームにスポーンできるかもしれません。そして、もっと運が良ければ、資源が豊富な村の近くに登場できるかも。しかし、理想的なバイオームにスポーンしなくても、1本か2本の木が見える場所なら、幸運なスポーンと言えるでしょう。

不運なスポーン

もちろん、すべてのスポーンが幸運なわけではありません。海の真ん中の無人島にスポーンする可能性もあります！　その場合は、その世界を削除して新しく作り直したほうがよいでしょう。

さまざまなバイオーム

お疲れさま！　世界を作成したので、次はスポーンした場所について理解しましょう！オーバーワールドには、バイオームと呼ばれるさまざまな地形があります。見た目が違うだけでなく、バイオームごとに資源やモブが異なります。このページにあるバイオームを見て、自分がどこでスポーンしたかを突き止めましょう。

温帯バイオーム

温帯バイオームのほとんどは、収集できる資源が豊富にあるため、初心者の強い味方です。

- 竹林
- 砂浜
- シラカバの森
- 桜の森
- 暗い森
- 花の森
- 森林
- ジャングル
- マングローブの湿地帯
- 草地
- シラカバの原生林
- 草原
- まばらなジャングル
- 石だらけの山頂
- ヒマワリ平原
- 湿地帯

氷雪バイオーム

食料になるものが少なく、粉雪の中で凍ってしまう可能性が高いので、氷雪バイオームで生き残るのは容易ではありません。

- 凍った山頂
- 林
- 氷樹
- 尖った山頂
- 雪の砂浜
- 雪原
- 雪の斜面
- 雪のタイガ

乾燥帯バイオーム

生き残るのが難しい場合もありますが、これらのバイオームでは、息をのむような景色や素晴らしい冒険が待ち受けています。

- 荒野
- 砂漠
- 侵食された荒野
- サバンナ
- サバンナの高原
- 吹きさらしのサバンナ
- 森のある荒野

水生バイオーム

もちろん、すべてのバイオームが陸上にあるわけではありませんが、水中でスポーンすることはまずありません。

- 深海
- 凍った海
- 凍った川
- 海洋
- 冷たい海洋
- ぬるい海
- ぬるい深海
- 暖かい海洋
- 川
- キノコ島

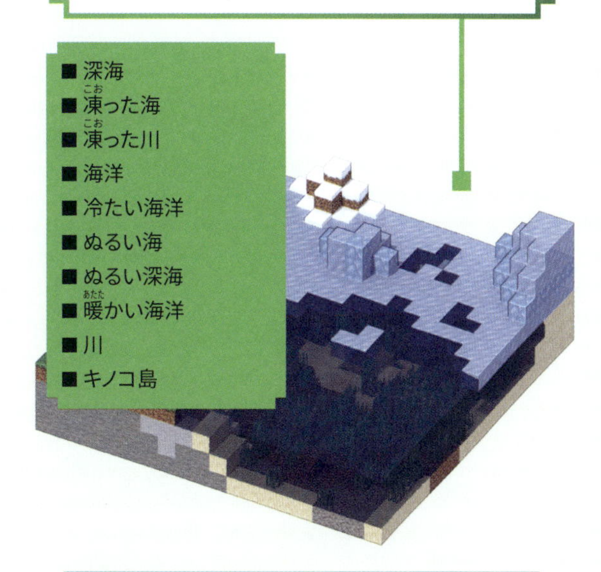

冷帯バイオーム

冷帯バイオームでは、切り立った場所に気をつけてください。高いところにありがちです。

- マツの原生林
- トウヒの原生林
- 石だらけの海岸
- タイガ
- 吹きさらしの森
- 吹きさらしの砂利の丘
- 吹きさらしの丘

洞窟バイオーム

地表の下にも、いくつかのバイオームはありますが、そこにスポーンする心配はありません。

- ディープダーク
- 鍾乳洞
- 繁茂した洞窟

世界はブロックでできている

Minecraftと聞いて、まず思い浮かべるものは何ですか？　もちろん、ブロックですね！　以前はそう答えなかったとしても、一度スポーンすればそう答えるようになるでしょう！　Minecraftのほとんどのものはブロックでできています。ブロックは採掘したり、クラフトしたり、組み立てたりできます。その数は800種類を超え、毎年増え続けています。では、どう使えばよいのでしょうか？

クラフト

集めたブロックは、あらゆる種類のものを作るために使えます。かまどを使うと鉱石を精錬できます。作業台を使えば、アイテムや他のブロックを作れます。ほとんどのアイテムのレシピでは、クラフトに複数のブロックが必要になります。

集める

手でたたいてブロックを壊すこともできますが、もっと簡単にすばやく壊すには、その作業に適した道具を使うことです（32ページ参照）。ブロックを壊したら、その上を歩いて拾ってください。そうすれば持ち物に入ります。

建てる

ブロックをたくさん集めたら、思いつくものは何でも作れます。Minecraftでは、収集できるブロックの種類がとても多いため、適切な材料がどこにあるのかさえ知っていれば、どのような建物でもたいていは建てられます。

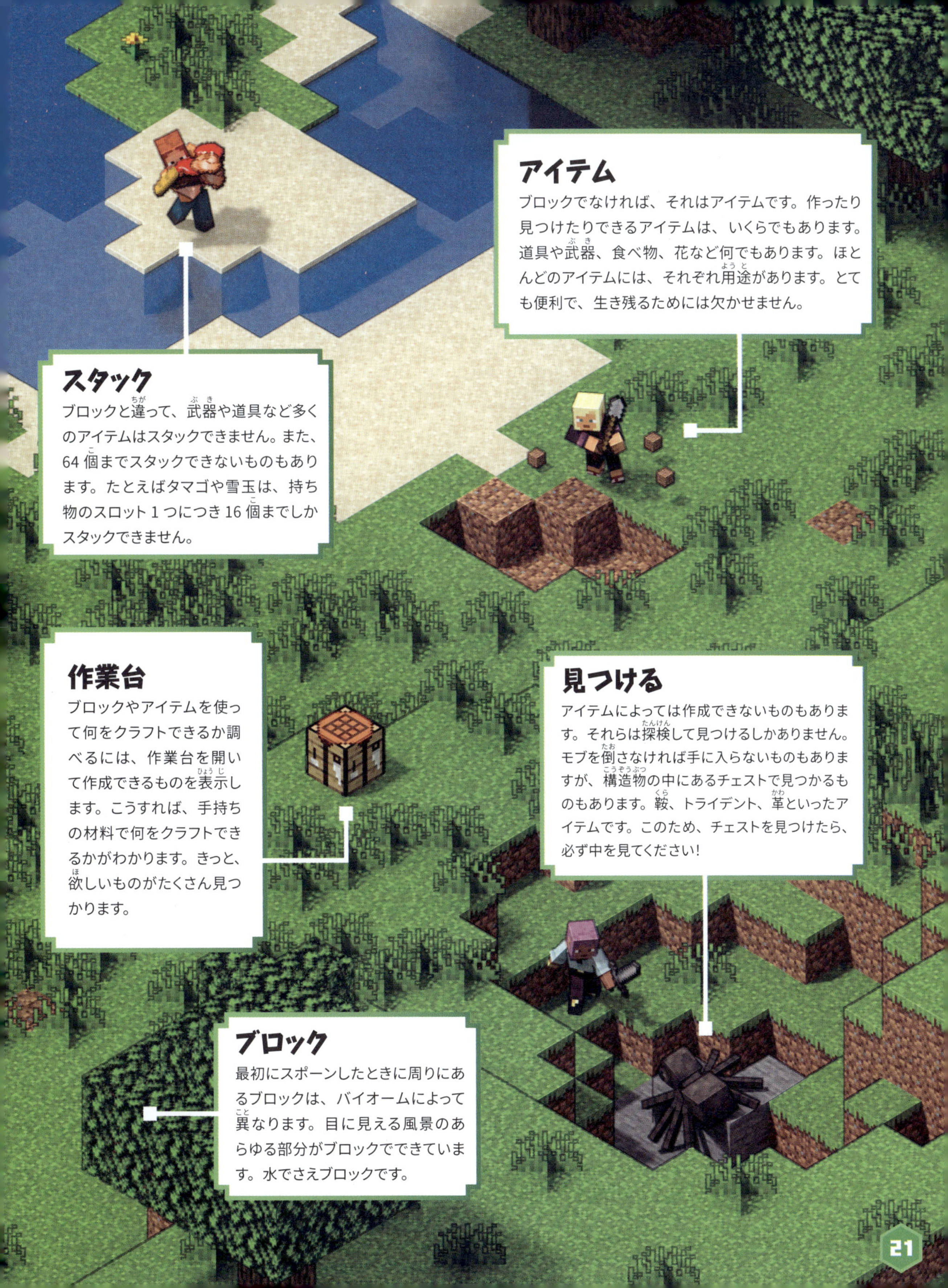

アイテム

ブロックでなければ、それはアイテムです。作ったり見つけたりできるアイテムは、いくらでもあります。道具や武器、食べ物、花など何でもあります。ほとんどのアイテムには、それぞれ用途があります。とても便利で、生き残るためには欠かせません。

スタック

ブロックと違って、武器や道具など多くのアイテムはスタックできません。また、64 個までスタックできないものもあります。たとえばタマゴや雪玉は、持ち物のスロット 1 つにつき 16 個までしかスタックできません。

作業台

ブロックやアイテムを使って何をクラフトできるか調べるには、作業台を開いて作成できるものを表示します。こうすれば、手持ちの材料で何をクラフトできるかがわかります。きっと、欲しいものがたくさん見つかります。

見つける

アイテムによっては作成できないものもあります。それらは探検して見つけるしかありません。モブを倒さなければ手に入らないものもありますが、構造物の中にあるチェストで見つかるものもあります。鞍、トライデント、革といったアイテムです。このため、チェストを見つけたら、必ず中を見てください！

ブロック

最初にスポーンしたときに周りにあるブロックは、バイオームによって異なります。目に見える風景のあらゆる部分がブロックでできています。水でさえブロックです。

なぜサバイバルモードを選ぶの?

サバイバルモードは冒険や危険に満ちていますが、大きな見返りもあります。自分の好きなようにストーリーを展開できます。そう考えれば、多くの人がこのモードでプレイを始めるのも不思議ではありません。

サバイバルモードとは ?

サバイバルモードでは、できる限り長く生き残らなければなりません。そのためには、食料や建築資材、敵対モブを撃退するための武器を集める必要があります。最初は、生き残るのが難しいと感じるかもしれませんが、とてもやりがいのあるプレイ方法です。

なぜサバイバルモードを選ぶの？

危険

敵対モブが危険だからこそ、サバイバルモードは面白いのです！　もちろん、たまには（何度も？）死んでしまうかもしれません。でも、敵対モブを倒すための道具や防具をやっと手に入れたときの満足感はたまりません！

挑戦

サバイバルモードは、生き残るだけでも大変です！　敵対モブによって倒されないようにすればよいだけではありません。プレイヤーのキャラクターにとって必要不可欠な空腹度とHPの維持にも気を配らなければなりません！

冒険

オーバーワールドや他の2つの次元を探索するなら、持ち物が空の状態から始めたほうが、はるかに楽しいです。冒険を生き抜くのに必要なすべてのものを、持ち物に加えていくのです！

発見

サバイバルモードでは、やることがたくさんあります。農作業や村人との交易のやり方を学んだり、アイテムをエンチャントしたり、エンダードラゴンを倒したりします。きみはどんな発見ができるかな？

ストーリー

サバイバルのストーリーは人それぞれであり、自分で作るものなのです。大胆な探検家になりたいですか？　なりましょう！　鉱山帝国を築きたいですか？　いいですとも！　可能性は無限です！

最初の１日

思い切って初めてのサバイバルモードを始めたわけですね。まずは何をすればよいでしょう？　ランダムなバイオームにスポーンしたばかりで、何をすべきかわからないかもしれませんね。でも、今はぐずぐずしている場合ではありません。すぐに夜がやってきます。敵対モブたちが出てくる時間です！　幸いにも、私、サー・バイバルがここにおります。あなたの準備をお手伝いいたしましょう。

木を集める

道具を使わずに木を集めるには、素手で木を叩かなければなりません。でも大丈夫、痛くはありません！　木を見つけたら、壊れるまで叩きまくって、ドロップした丸太を全部集めてください。そして持ち物の中で、それらをクラフトして木材にします。

作業台を作る

持ち物には４つのレシピスロットがありますが、初歩的なものしか作れません。ありがたいことに、そのうちの１つが作業台です。作業台には、レシピスロットが９つあり、必要なアイテムやブロックのほとんどを作れます。

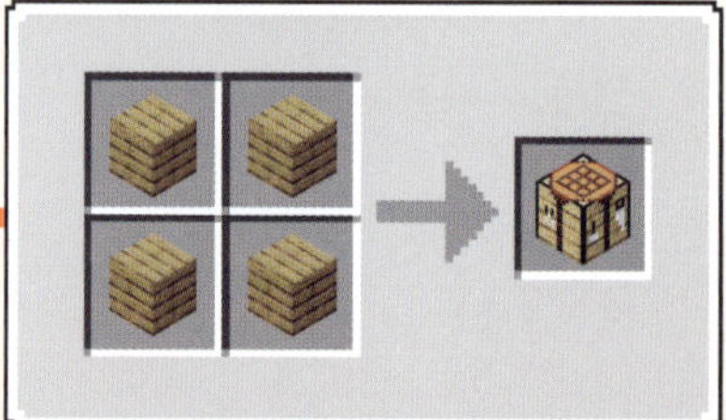

剣をクラフトする

作業台が出来上がったときに、まだ木材が十分に残っていれば、最初の木の剣を作ることができます。確かに最強の武器ではありません。でも木の剣は、夜になったら身を守ったり、食べるための肉を集めたりするのに、とても役立ちます。ああ、そうだ。予備の剣も作っておくとよいですね！

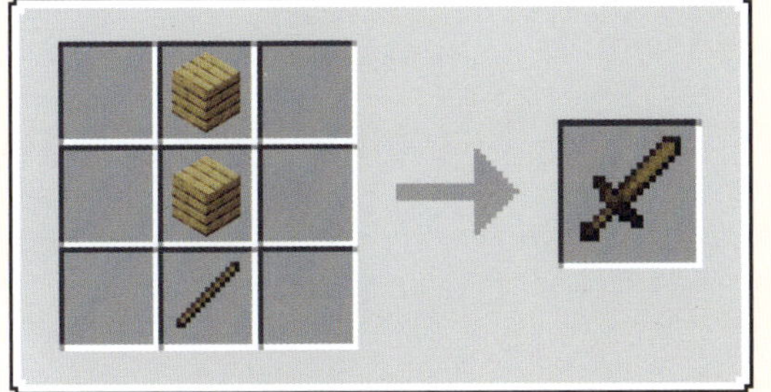

ツルハシをクラフトする

剣を作った後に、まだ十分な木材が残っているなら、木のツルハシを 1、2 本、いや 3 本くらい作っておくとよいでしょう。確かに、木製のツルハシはかなり弱く、長持ちしませんが、素手で石を集めようとするよりはましです。これからの日々のために、備えておきたいところです。

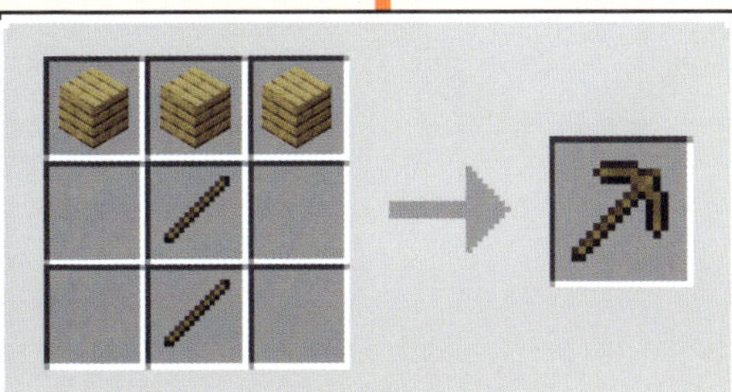

最初の１日

羊を探す

初日に羊を見つけられるかどうかは、２つのことにかかっています。１つはスポーンしたバイオームで、もう１つは運です。しかし、生き残るためには、ベッドのための羊毛と、お腹を満たす羊肉が必要です。少なくとも３匹の羊が見つかるまで、メェーという音を追ってください。

ベッドを作る

最初の日に同じ色の羊を３匹見つけられたなら上出来です。上手くいっています！　作業台で、集めた木材とウールを使ってベッドを作ります。ベッドを使うためにクリックすると、リスポーン地点が新たに設定されます。夜になって、敵対モブに囲まれていなければ、一晩寝ることができます。

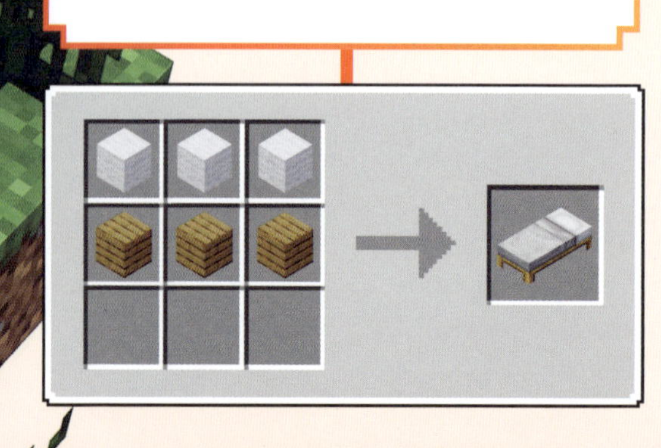

空腹を満たす

サバイバルモードでHPが減るのは、敵対モブのせいだけではありません。空腹度によっても同じことが起こります。空腹度から目を離さないようにして、お腹が空かないように十分な食料を確保してください。スポーンしたバイオームによって、どのような食料が手に入るかが決まります。詳しくは46ページを参照してください。

村を見つける

もし最初の日に村を見つけられたら幸運です。生き残ることがずっと簡単になります! 村にはベッドや食料など、ぶんどれるものがたくさんあります。村人のベッドを見つけてスポーン地点に設定してください。そして、村人のチェストの中身と、村人の農場にある食料を持ち物に詰め込みます。もちろん、友だちにはなれないでしょうけれど、背に腹には代えられません。

最初の夜を生き延びろ

日が沈むと、初めての大きな試練が訪れます。それは夜です。夜になると、敵対モブたちが現れて、あなたを倒しに来ます。幸運にも村や、夜をやり過ごすベッドが見つけられたなら、ページをめくって次の話題に進んでかまいません。でも、もしそうでないなら、戦うか逃げるかのゲームにお付き合いください。

逃げる

夜を生き延びるには、隠れ場所を見つけるのが一番です。クリーパーがいたとしても、自分との間に常に 3 ブロック空けられるようにしましょう。すぐ外でクリーパーが爆発するのを避けるためです。いくつかの方法を見てみましょう。

洞窟を掘る

周りに洞窟がいくつかあるなら、そのうちのどれかに隠れておけば間違いないでしょう。隠れ場所を見つけて、閉じこもるのに十分な土と石を集めたら、そこで夜を過ごします。太陽が昇ったときにわかるように、壁には穴を開けておきます。ただし、スケルトンが矢を放ってきたら穴は塞ぎましょう。

穴を掘る

周りには平坦な土地しかありませんか？　それなら、グズグズしてはいられません。掘り始めましょう！　すばやく地面に穴を掘って、そこで夜を過ごします。入り口はふさいでください。ときどき、天井のブロックを取り除いて太陽が昇ったかどうかを確認し、すぐに元に戻してください。敵対モブのご訪問はお断りですから！

木に登る

周りに木はたくさんありますか？　それなら、丘の上から木のてっぺんに登ることができるでしょう。もし時間があれば、すばやく階段を作って木の上に登り、その中に潜り込みましょう。ただし、登り終わったら階段は必ず外して、敵対モブが追いかけてこられないようにします。夜は星を眺めながらスケルトンの矢をよけたり、木の葉の中でくつろいだりして過ごしましょう。

基地を作る

最初の日はブロック集めに費やしましたか？　それなら、話は早いです。できるだけ早く隠れる基地を作りましょう。木材で建てるつもりですか？　すばらしい！　そんな時間はない？　それなら土で作りましょう！

ボートに乗る

近くに海があるなら、ボートに乗って夜を生き延びるのも1つの方法です。木材が5個あればボートを作れます。ボートを海に浮かべて、乗り込みましょう。そうすれば、陸にいる敵対モブからは安全な距離で、海岸線を移動しながら夜を過ごせます。ただし、移動をやめないでください。危険は水面下にも潜んでいます。

走る

間違いない方法ではないでしょうけれど、スケルトンやクリーパー、クモ、ゾンビなどのモブから走って逃げるしかないこともあります。自分がどこに向かって走っているのかがわかっている限り、確実にではありませんが、逃げ切れる可能性はあります。でも、決して確実ではありませんよ。

戦う

つまり、すぐには隠れ場所が見つからなかったのですね。それとも単にチャレンジするのが大好きということでしょうか。いずれにせよ、夜を外で過ごすことになりました。ところで剣は作っておきましたか？　きっと必要になります！　では、日の出まで生き延びるための防御戦略を見てみましょう。

高いところから見下ろす

山や丘、土手などを見つけて、できるだけ高い位置まで登ります。そこからなら、ゾンビなどのモブに対して有利に戦えるでしょう。そこにいることに気がつくモブが少ないことを祈りましょう。気づかれたら、剣を使って撃退します。ただし、この戦術には欠点もあります。スケルトンやクモを防げないことです。スケルトンは下から矢を放ってきますし、クモは壁を登ってこられます。

囲まれた空間

確かに、追い詰められていると言えなくもありませんが、囲まれた空間を見つければ、少なくともモブが全方向から迫ってくるのを防げます。これなら（たぶん）、攻撃してくるモブはすべて１つの方向からやってくることになるので、剣を振ってモブを寄せ付けないことに集中できます。ただし、この戦略でもやっかいなスケルトンには攻撃されるかもしれません。

穴にもぐる

木や段差を背にした場所で、１ブロック掘り下げます。穴に飛び込んで、そのブロックを頭の真上に置きます。こうすれば、１ブロック分のすき間から外を見たり、戦ったりできます。ほとんどのモブの身長は２ブロック以上あり、かがむこともできません。モブが攻撃できずにいる間に、剣でモブの足を攻撃できます。

最適な道具を使おう

えい！　やあ！　とう！　あ、気にしないで。新しい道具を試しているだけだから。ぼくはカイン・メイル。道具の専門家で、アマチュアのモデルさ。Minecraftにはたくさんアイテムがあるけれど、道具や武器が一番便利だね。採掘をするにせよ、敵対モブと戦うにせよ、農場を作るにせよ、正しい道具を使うことが成功の鍵だよ。

道具

ツルハシ Minecraftでは代表的なアイテムだね。採掘に欠かせない道具であり、探検では最も使うことになるはず。石、鉱石、金属などを採掘するために使うんだ。

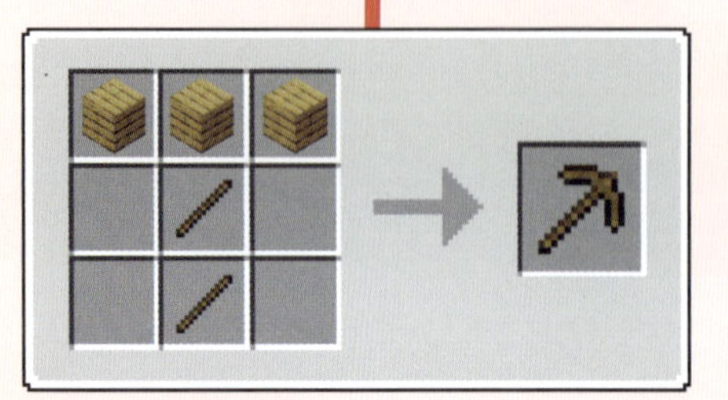

斧 木のブロックを集めるのに最適。あっという間に木を切り倒すことができるよ。ピンチになったときに使えば、絶大な威力を発揮してもくれる。

シャベル 砂や土などの柔らかいブロックを掘り起こすのに最適な道具だね。土で未舗装路ブロックを作ったり、たき火を消したりするのにも使えるよ。

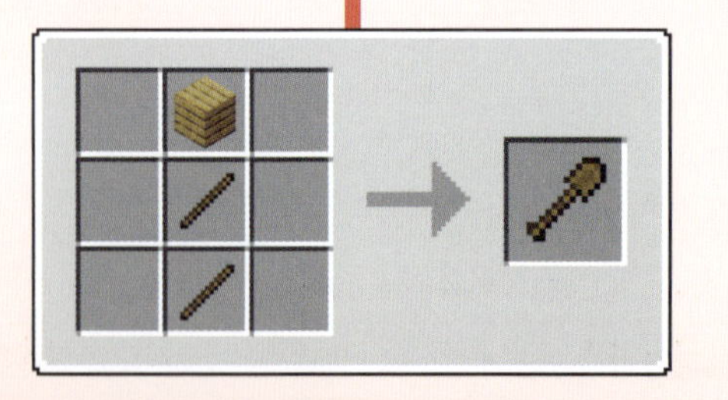

くわ 土や草のブロックを耕して、農地に変えるために使うんだ。そこから大量の作物を収穫するための鎌としても使えるね。農家にとって完璧な道具さ！

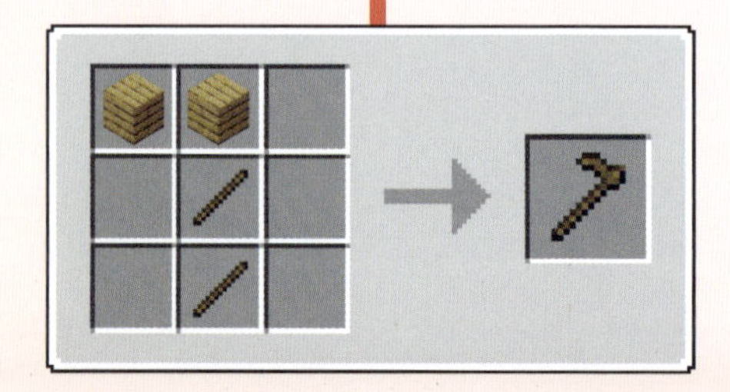

ハサミ 羊を死なせずにウールを手に入れたくない？ それなら、ハサミで羊の毛を刈り上げてみるのはどうかな。クモの巣を切り落としたり、種を収穫したりなど、別の用途にも使えるよ。

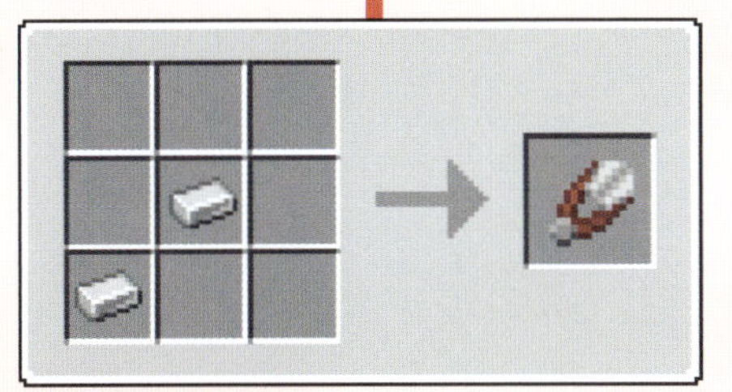

火打ち石と打ち金

いつ必要になるかわからないので、持ち物に入れておくと便利。たき火やロウソクに火をつけたり、ネザーポータルを起動したり、TNT火薬に点火したりするときに使うよ。

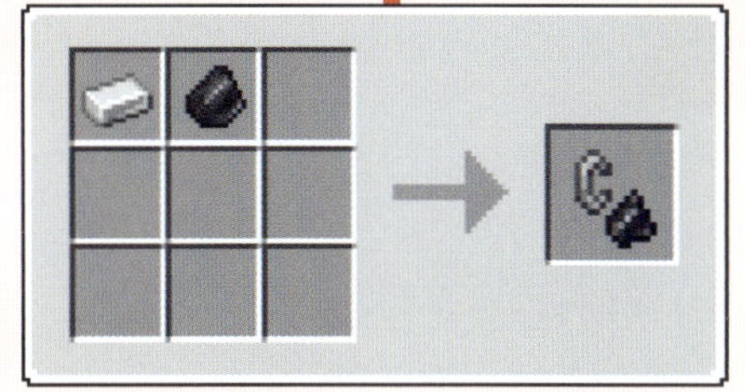

武器

剣 敵対モブを撃退したり、肉を集めたりするのに最適。常に手元に置きたい重要な道具だね。それに、クモの巣や竹などの資源を採掘するのにも驚くほど便利だよ。

弓 スケルトンと真っ向勝負がしたいって？ それなら弓を作ろう！ スケルトン並みの腕前になるには練習が必要だけど、遠距離から攻撃できるようになるんだから、それだけの価値はあるよ。

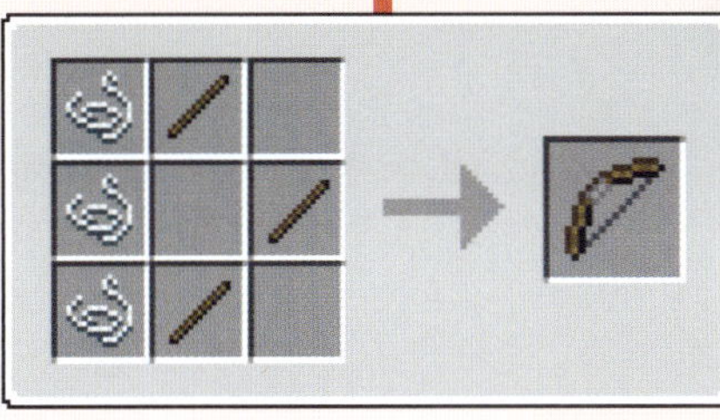

クロスボウ これも遠距離攻撃に最適な武器さ。いっぱいに引き絞らないと撃てないけど、矢を装填したまま持ち物に入れられるようになるよ。

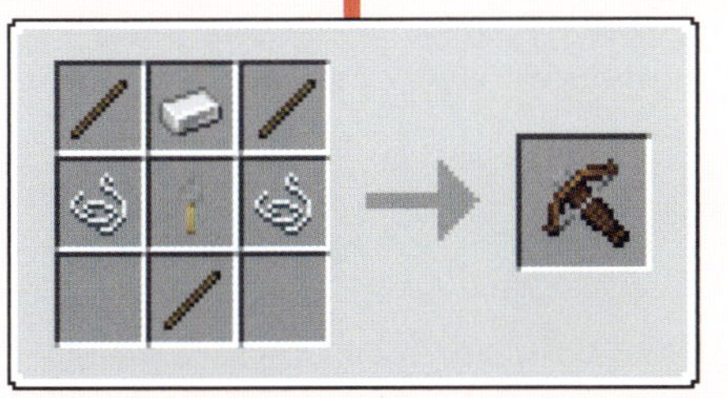

矢 弓やクロスボウは、発射する矢がなければ役に立たない！ 矢は、倒したスケルトンが落としたものを集めたり、自分で作ったりできるよ。

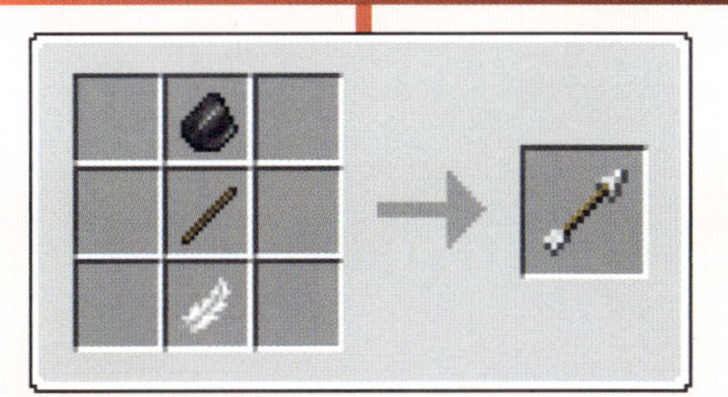

死んでしまったら

まあ、いずれはそうなる運命だったのです。私、探偵シャーリー・ホームズでさえ、不意を突かれることがあるのですから。Minecraft では、死に方なんていくらでもあります。モブに倒されたり、高いところから落ちたり、溺れたり、窒息したり……。おわかりですよね。では、そのときにどうなるのか見てみましょう。

死んだらどうなるの?

リスポーン

死んでしまったら、リスポーン地点が設定されている場所にリスポーンします。それは、最初にスポーンした地点か、最後にベッドを使った場所のどちらかになります。ただし、注意してください。最後に寝た後でベッドが移動されたり破壊された場合は、最初にスポーンした場所に戻ります。

You Died!

スティーブはスケルトンに射抜かれた

リスポーン

持ち物

ありがちなことですが、必要なものがやっと全部そろったと思ったら……死んでしまうのです。突然、何もかも失ってしまいました。では、持ち物はどうなったのでしょう? 幸いにも、それらは死んだ場所に散らばっています。でも、グズグズしてはいられません! 落とした持ち物がそこにあるのは、たった5分間です。それが過ぎたらおしまいです! よしよし、泣くんじゃありません。新しいのが見つかりますよ。

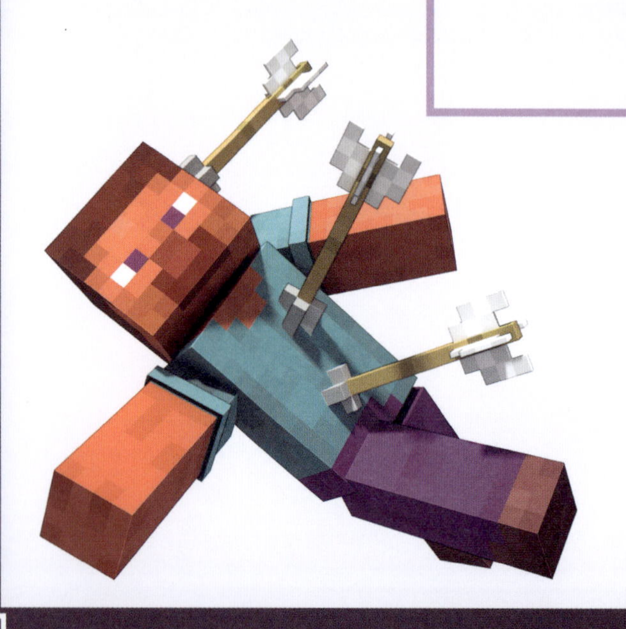

どうすれば、次はうまくやれるんだろう？

リスポーン地点

もし遠出をしていたのなら、最初の場所に戻ってリスポーンするのは避けたいものです。幸いなことに、ベッドを置いてクリックすれば、どこでも好きな場所に、新しいリスポーン地点を設定することができます。したがって、遠くまで行くなら、必ずベッドを持って行きましょう。そうすれば、夜になってしまったり、生存の可能性が低くなったりしたときにベッドを使えば、出直さずに済ませることができます。

村

もう１つの方法は、旅の途中で村を探して、村人のベッドにリスポーン地点を設定することです。村を見つけるのは簡単ではありませんが、冒険に必要な物資がたくさん手に入るというメリットがあります。

チェスト

貴重なアイテムを失わないための最善の方法は、チェストに保存することです。そうすれば、チェストから長期間離れていても問題ありません。戻ってくるまで、アイテムはずっとそこにあります。

チェストを持ち歩く

もし長旅を予定しているなら、基地を毎晩作っているわけにはいかないでしょう。そんなことをしていては、どこにもたどり着けません！　でも実は、チェストは持ち運べます。ロバやラバ、ラマなどを見つければ、チェストを運んでもらえます。ボートにチェストを載せることもできます。そうすれば水上を移動できます。

犯人は誰？

もし死んでしまったなら、たいていの場合、敵対モブのせいです。彼らはなぜ敵対するのでしょうか？　それはわかりません。でも、彼らに近づきすぎると必ず襲ってきます。リスポーン画面には、どうやって倒されたのかが表示されますが、読み忘れた場合でもご心配なく。どのモブに倒されたのかはわかります。

3 ブロック

2.5 ブロック

2 ブロック

1.5 ブロック

1 ブロック

0.5 ブロック

クリーパー

あなたが死んだとき、シューという音がしてから数秒後に何かが爆発しませんでしたか？もしそうなら、クリーパーに倒されたのです。自分を責めてはいけませんよ。このモブはとても巧妙で、静かに忍び寄ってきて爆発します。前ぶれは、爆発する数秒前のシューという音だけです。

違いましたか？

今回はラッキーでしたが、常に警戒を怠らないでください。他のモブたちとは違って、クリーパーは日中も姿を消しません。クリーパーを避けるには、常に目を光らせておく必要があります。もし遠距離から攻撃できる武器を持っていれば、それを使って倒すのが一番です。爆発する前にクリーパーを倒すことができれば、火薬が手に入ります。

ファントム

ベッドそのものやその材料を見つけるのに3日以上かかったのではありませんか？　そのときに死ななかったんですか……今まで？　青い翼のモブが空から舞い降りてきて、襲いかかってきませんでしたか？　もしそうなら、ファントムに倒されたのです。

違いましたか？

今回はファントムに出会わずに済みましたが、できれば避けたいモブです。出会ってしまったら、生き残るのは難しいでしょう。幸いにも、とても簡単にファントムの攻撃を避ける方法があります。それは寝ることです。ファントムが攻撃してくるのは、プレイヤーが3日間連続で寝なかった場合や、死ななかった場合だけです。ペットのネコを手に入れるという方法もあります。ファントムはネコが嫌いなのです！

クモ

完全に友好的なクモと一緒に楽しく歩いていたら、突然クモが狂ったように飛び跳ねて攻撃してきませんでしたか？　ちょうどそのとき、太陽が沈みかけていませんでしたか？　いつまでも外にいては、ダメじゃないですか。クモは夜になると敵対的になるんですよ！

違いましたか？

警告しておきます。確かに、日光の下ではクモはとても友好的に見えます。でも、暗い森や洞窟で出会った場合や、夜に出会った場合は、警戒したほうがよいでしょう。戦いに備えてください。走っても無駄です。クモはもっと速く走ります。でも、もし倒せたなら良いことがあります。クモは糸をドロップするので、棒と組み合わせて弓を作れます。

4ブロック

3.5ブロック

3ブロック

2.5ブロック

2ブロック

1.5ブロック

1ブロック

0.5ブロック

エンダーマン

かなり足の長い黒いモブを近くで見ませんでしたか？　そいつのピンクがかった紫色の目をじっと見ませんでしたか？　さらには、ギザギザの口を開けて震えながら向かってきたり、近くにテレポートしてきたりしませんでしたか？　やれやれ、何を好き好んで見つめたりしたんですか？　まったくもう！　エンダーマンを怒らせただけですよ。

違いましたか？

やれやれ！　では、エンダーマンを見たなら、マナーを守ってじっと見つめないようにしてください。それをとても嫌がるのです！　どうしても見たいですって？　それなら、カボチャのヘルメットをかぶって視線を隠しましょう。もう遅い？　じゃあ、テレポートしてくるので気をつけて！　近くに水があるなら入りましょう。エンダーマンは水が嫌いです。バケツの水をかけてもよいでしょう。それが無理なら、高さ2ブロックのものの下に隠れてください。エンダーマンは背が高いので、下にいれば攻撃を受けませんが、こちらからは攻撃ができます。

スケルトン

どこからともなく、矢がたくさん飛んできてやられてしまったんですか？　暗闇や物陰に潜む骸骨を見かけませんでしたか？　たぶん、スケルトンにやられてしまったのでしょう。このモブは腹が立つほど腕が良いので、近くでじっとしていようものなら、すぐに蜂の巣にされてしまうでしょう。

違いましたか？

まあ、今回は矢を避けられたのかもしれませんが、彼らはまたすぐにあなたを視界に捉えるでしょう。必ず、彼らのほうが先にあなたを見つけます。スケルトンは太陽の下では燃え尽きますが、陰に隠れて日中を生き延びることができます。集団でスポーンするので、しっかりとした防具と遠距離武器を手に入れるまでは、逃げてください！

ウィッチ

とんがり帽子に紫色のローブを着たニキビ鼻の村人らしき人に襲われたのですか？　やっかいなステータス効果のあるスプラッシュポーションを投げつけられたりも？　もしそうなら、初めてウィッチと戦ったことになります。そんなに自分を責めてはいけません。とても手強いモブなのです。さまざまな種類のポーションを使って、攻撃したり身を守ったりします。

違いましたか？

やれやれ！　今回は助かりましたね。ウィッチは湿地帯の小屋や、真っ暗な場所ならたいていどこにでもスポーンします。村人が雷に打たれたときにも現れます。もし出くわしたときには、距離を取ったほうがよいでしょう。そうすれば、ウィッチはポーションで攻撃してこられません。また、遠距離武器で攻撃できます。

ゾンビ

うめき声が聞こえた後に、ボロボロの服を着た緑や茶色のモブが、あなたに向かって腕を伸ばしているのを見ませんでしたか？　それなら、うめき声を聞いたときに、なぜ逃げなかったんですか？　ゾンビ（と砂漠の変種のハスク）は動きは遅いですが、集団に取り囲まれたらおしまいです。

違いましたか？

少なくとも、何を聞き逃さないようにすればよいか、もうわかりましたね。うめき声が聞こえたら、反対方向に逃げましょう。彼らは最大で4体のグループでスポーンし、すぐに追い詰められてしまいます。もし追い詰められたら、剣を取り出し、攻撃してから彼らの腕の届かないところまでジャンプします。彼らを倒すまで、これを繰り返しましょう。また、どんなに空腹でも、彼らの腐肉を食べるのは、おすすめできません！

子供ゾンビ

ゾンビに似た何者かにやられたのではありませんか？　ゾンビよりずっと小さいですが、はるかにすばやいです。しかも、ニワトリに乗っていませんでしたか？　お気の毒ですが、このやっかいなモブに出くわした時点で、やられる運命だったのでしょう。

違いましたか？

隠れて！　子供ゾンビから逃げるのは、大人のゾンビの場合よりも大変です。そのうえ小さいので、狙いを定めて倒すのも簡単ではありません。子供ゾンビから逃げ切るのは難しいので、良い隠れ場所を見つけたり、彼らには届かないところにすぐに登ったりしましょう。

4ブロック

3.5ブロック

3ブロック

2.5ブロック

2ブロック

1.5ブロック

1ブロック

0.5ブロック

溺死ゾンビ

うっかり水辺に近づきすぎて、夢に出てくる人魚とは大違いのモブに襲われませんでしたか？　もしそうなら、溺死ゾンビにやられてしまったのです。それは水中にいるゾンビの変種です。彼らに接近されてしまうと、素手で攻撃されます。不運にも彼らがトライデントで武装していると、恐るべき正確さで投げつけてきます。

違いましたか？

警告はしましたよ。幸いゾンビと同じように、溺死ゾンビはかなり足が遅いので、囲まれない限り、たぶん逃げ切れるでしょう。トライデントを持った溺死ゾンビに出くわしたなら、それはかなりまれなことです。このチャンスに溺死ゾンビを倒して、その強力な武器を手に入れてもよいでしょう。

村人ゾンビ

村人に似ているのに、緑色をしたモブにやられたのではありませんか？　さて、彼らに何が起こったのか想像できますか？　もちろん、ゾンビに襲われたのです！　村人ゾンビは普通のゾンビと同じように行動します。ただし、治せます。

違いましたか？

それは良かった。友好的な近所の村人と敵対するなんて、ぜひとも避けたいものです。治療法があるのはよいのですが、問題は、金のリンゴがめったに手に入らないことです。しかも、最初に弱体化のポーションを投げつけて、弱体化の効果を与える必要があります。そんなアイテムはない？　そりゃ、そうでしょう。それなら、太陽が昇るまで隠れていましょう。

最初の基地を建てよう

よくきたな！　おれはビル・ディングだ。はじめての基地の建築を手伝ってやろう。あんたは冒険を始めたばかりだし、ここはあくまで、何をすべきか学びながら、一時的に避難する場所だ。見栄えがいいわけでもないし、たいして大きくもない。でも、取り入れるべきものはたくさんある。さあ始めるぞ！

外側

基地を巨大にする必要はないぞ。ベッドや作業台、かまどなど、いくつかのアイテムが収まる広さがあれば十分だ。最初は9×9ブロックがちょうどいいだろう。自分に合った場所を選ぶんだ。ただし、高台にしておけばまず間違いないだろう。そうすれば、敵対モブが近づいてくるのが見えるからな。

ブロックの選択

理想としては、丸石のような丈夫なもので基地を作りたいところだが、無理なら木材や土でもかまわんぞ。見た目にもこだわらない！

たいまつ

基地の周りでモブがスポーンしないように、いくつかのたいまつを作って、建物の周囲に取り付けよう。

壁

わざわざ壁を必要以上に高くするのはやめるんだ。材料を集めるのに時間がかかるだけだからな。3ブロックの高さで十分だろう。

屋根
おしゃれな屋根なんて要らないぞ。平らな屋根なら最も少ないブロック数で作れる。
柵
持ち物に余分な木材があるなら、基地の周りに柵を追加してみるのはどうだ？　そうすれば、敵対モブを遠ざけることができるぞ。
ドア
基地には必ずドアが必要だ。これがなければ出入りができないからな。いくつかの木材を集めて、基地に木製のドアを作るんだ。
柵のゲート
柵のゲートは、ほとんどのモブが飛び越えられないくらいの高さがあるが、プレイヤーは簡単に基地に入れるぞ。

内側

外側と同様に、基地の内部も芸術作品になんてしなくてもいい。カーペット、本棚、額縁で飾る必要はないんだ。そんなことは、後でいくらでもできる！ 生存の可能性を高めるのに不可欠なものを、いくつか置いておけばいいんだ。

チェスト

チェストは、便利なアイテムをたくさん保管しておくのに最適だぞ。冒険ではすぐに必要ないものの、死んだときに失いたくないものを入れておくんだ。

かまど

たいまつを作るための木炭作りから肉料理まで、かまどはさまざまなことに役立つ。基地に1つは欲しいところだな。

作業台

オーバーワールドでサバイバルの冒険を続ける前に、まず作業台で作っておきたいものが、たくさんある。

ベッド

敵対モブから隠れて、一晩中基地の中で待つ必要なんてない。一晩寝て、また日が昇ったら目を覚ませばいいんだからな。ベッドは必需品だぞ。

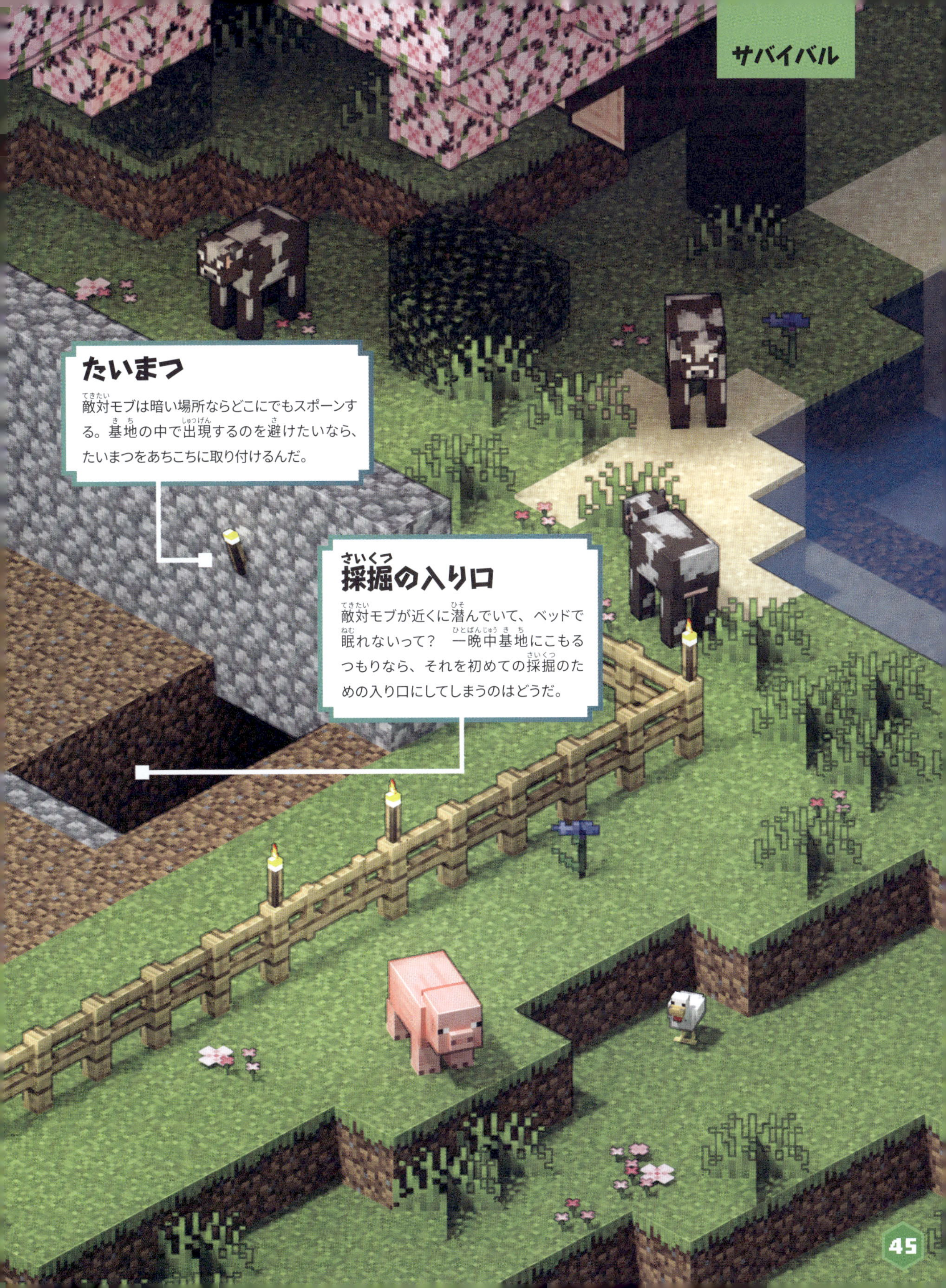
たいまつ
敵対モブは暗い場所ならどこにでもスポーンする。基地の中で出現するのを避けたいなら、たいまつをあちこちに取り付けるんだ。
採掘の入り口
敵対モブが近くに潜んでいて、ベッドで眠れないって？　一晩中基地にこもるつもりなら、それを初めての採掘のための入り口にしてしまうのはどうだ。

なぜ食料が必要なの？

ああ、お腹すいた！　私は、いつもお腹が空いているんです。それなのに、生のニワトリを食べるのをやめろだなんて、どういうことですか？　空腹の効果のせいですって？　でも、調理に使う燃料を切らしているんです。こんにちは、シェフのジェフです。サバイバルモードで生き続けたいなら、空腹度を下げないことや、食べるものに気をつけることが必要です。

食べないと、どうなる？

食べないと、まず空腹度が減りますね。それからHPが下がります。HPが低下すると動きが鈍くなり、敵対モブに攻撃されやすくなります。マズいですね！

他の食べ物より優れている食べ物はある？

もちろんあります！　食料品ごとに、違った数の空腹度が設定されています。たとえば、調理した肉は生肉よりも多くの空腹度を得られるので、食べる前にできるだけ肉を調理するようにしましょう。

食べ物は他のことにも使える？

モブの繁殖に使える食べ物もあります。たとえば、2匹の羊に小麦を食べさせると、子羊が生まれます！　いくつかの食品は、他の材料に加えてポーションを作ることもできます。農民や肉屋など、職業を持つ村人と食べ物を交換して、新しいアイテムを手に入れることもできます。

体に悪い食べ物はある？

あります！　いくつかの食べ物は、やっかいなステータス効果をもたらします。毒のあるジャガイモやクモの目は毒の効果を与えます。また、腐肉やフグ、生のニワトリは空腹効果を与えます。これらのアイテムを食べることはできてしまいますが、本当にやめてください。そもそも、おいしそうじゃありませんよね！

食べ物はどこで手に入る？

それは、どのバイオームにいるかによって決まります。幸運にも、ジャングルのような森林のバイオームにスポーンできたなら、食料は簡単に見つかるでしょう。でも、雪や砂漠のバイオームでは、食料を手に入れるのはもっと難しくなるでしょう。では、食べ物が見つかる一般的な場所をいくつか見てみましょう。

村

村人のチェストには、パンやジャガイモなどの食料品が必ず入っています。また、村の農場では食料をすぐに調達できます。また、自分で農場を始めるための種も手に入ります。

生成された構造物

生成された構造物の中には食料が隠されていることがあり、見つけて集めることができます。たとえば、森の洋館は多くのアイテムの宝庫です。食料もあります！　でも気をつけてください。トラップや敵対モブに守られていることがよくあります。

肉を手に入れる

オーバーワールドには動物モブがたくさんいて、倒すと食べるための肉が手に入ります。ウシ、羊、ニワトリ、ブタ、ウサギなどです。

自然に生えてくる

メロンやかぼちゃなど、多くの食べ物は自然に生えてきます。これらは、食べ物または種として集めることができます。注意深く見ていれば、楽しい自然観察によって収穫を得られるかもしれません！

どうやって食べよう？

食べ方がわからなければ、食べ物をたくさん集めても意味がありません！　持ち物のホットバーに食べ物のアイテムを入れ、選択してクリックします。すると、空腹度がゆっくりと増えていきます。それだけです！

作物

オーバーワールドには、育てて食べられる作物がたくさんあります。作物がたくさん育っているバイオームにスポーンし、それを集められるのならラッキーです。でもそうでないなら、食べ物を見つけるのは難しいかもしれません。村から手に入れるしかないでしょう。では、どんな作物があるか見てみましょう！

ニンジン

ニンジンは危険な方法で手に入れることができます。略奪者の前哨基地を襲撃したり、ゾンビやハスク、村人ゾンビを倒すといった方法です。でも、最も安全なのは、村の農場で見つけることです。

切ったスイカ

スイカが欲しいなら、ジャングルバイオームが一番です。そこにはたくさん育っています。それ以外では、一部の村や森の館で見つけることができます。

リンゴ

樫の木に囲まれているときに、食べ物が必要なことはありませんか？ 樫の葉を刈りはじめてみてください。運が良ければ、落ちてきたリンゴを食べられるかもしれません!

スイートベリー

タイガや雪のタイガバイオームにいると、スイートベリーの茂みに出くわすことがあります。ただし、茂みに入るときは注意してください。とげがあります!

ジャガイモ

ジャガイモはニンジンと同じ場所で見つかります。村人のチェストにもあります。毒のあるジャガイモには注意してください。手がかりは、その名前です。

2

グローベリー

グローベリーを見つけるまでには、しばらく時間がかかるでしょう。主に緑豊かな洞窟の天井にぶら下がっています。

ビートルート

ビートルートは、食料としても赤色の染料としても使えます。村の農地で見つかります。

乾燥昆布

昆布は乾燥させて、おやつとして食べることができます。海中に生えているのを見つけることができます。

小麦

小麦の種は草からとれるので、栽培を始めるのがとても簡単です。レシピの材料に使えるほか、ウシや羊、ヤギ、ムーシュルームの繁殖にも使われます。

カカオ豆

カカオ豆は、ジャングルでカカオの実から収穫します。クッキーの材料や茶色の染料に使えます。

きのこ

キノコはシチューの材料として便利です。暗い日陰の場所に生えているのが見つかります。ムーシュルームと呼ばれる奇妙なモブの上に生えていることもあります。

サトウキビ

スイーツに使う砂糖を作るのに必要です。また、紙を作るためにも使えます。水辺の近くに生えているのが見つかります。

カボチャ

ほとんどのバイオームの草ブロックの上で、カボチャが群生しているのが見つかります。ただし、焼いてパイにしなければ食べられません。

竹

竹は食べられませんが、栽培すると便利な作物です。ジャングルで見つかり、パンダの繁殖としても、かまどの燃料としても使えます。

サボテン

砂漠や荒野で見つかるサボテンは、食べられませんが便利です。緑の染料を作ったり、ラクダを繁殖したりするのに使えます。

レシピ

もちろん、すべての作物がそのまま食べられるわけではありません。たとえば小麦や砂糖は、食べる前にレシピの材料として使う必要があります。ここで紹介するレシピを試してみてください!

ケーキ 14

クッキー 2

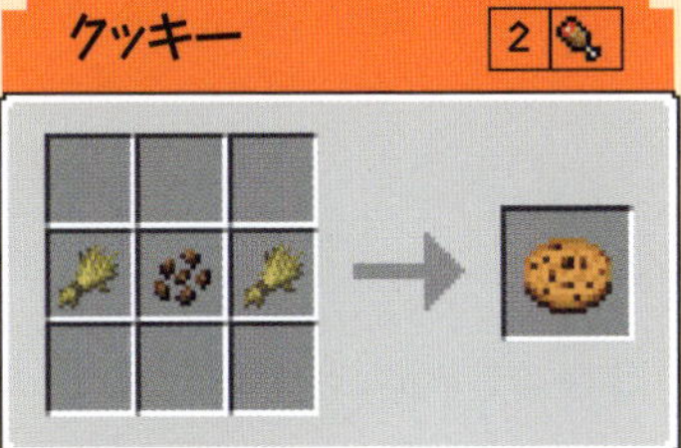

パンプキンパイ 8

きのこシチュー 6

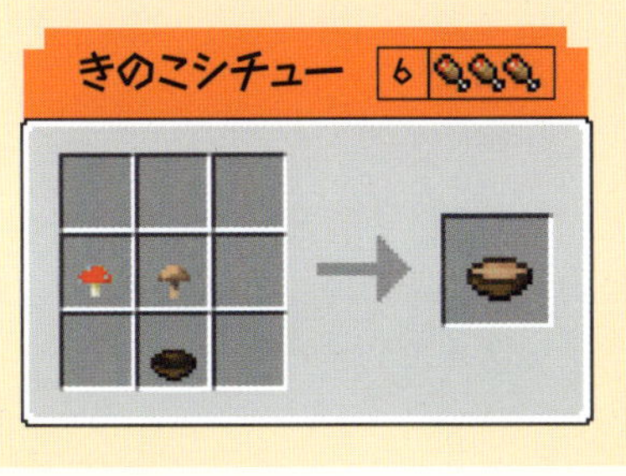

ビートルートスープ 6

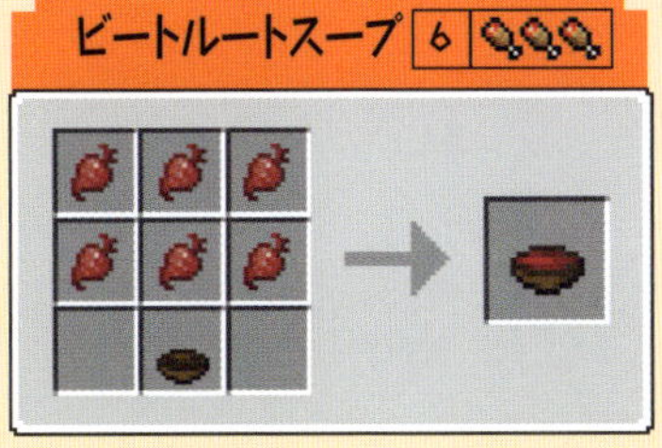

パン 5

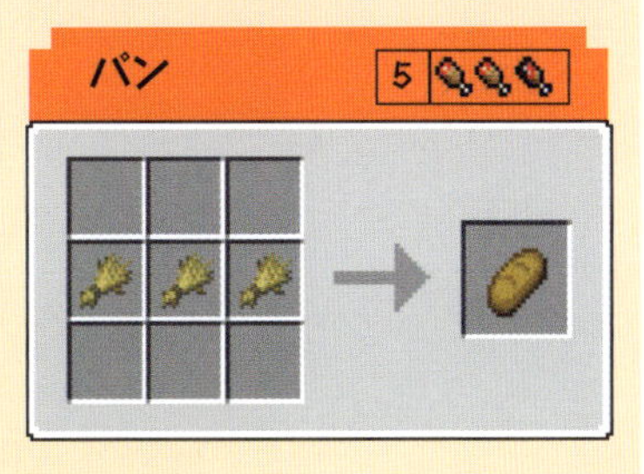

農業

自分自身で作物を育てたいんですか？　それはいいですね！　食料が安定して確保できるだけでなく、村人と取引をして、地図や本など便利なアイテムを手に入れることができます。始める前にいくつか学ぶべきことがありますので、農業の方法をご紹介しましょう。

何を植えるか

小麦、ビートルート、スイカ、カボチャにはすべて種があります。種は作物自体から得られます。また、持ち物の中でクラフトすることもできます。それ以外の作物は種を必要としません。ニンジン、ジャガイモ、スイートベリー、カカオ豆などは、そのまま植えれば大丈夫です。

どこに植えるか

農場は好きな場所に作れますが、ほとんどの作物に共通して言えるのは、水から 4 ブロック以内に植えなければならないことです。といっても、川のそばで栽培しなければならないわけではありません。バケツを使って水を集め、農場の周りに穴を掘って水を注げばよいのです。

どのブロックに植えるか

作物はどのブロックに植えてもよいわけではありません。正しいブロックに植えましょう。ニンジン、ジャガイモ、小麦などのほとんどの作物は、くわを使って土ブロックに作った農地ブロックに植えることができます。ただし、条件の違う作物もあります。たとえばサトウキビは、草や砂などさまざまなブロックに植えることができます。

収穫までの期間

すべては、作物にとって理想的な条件を満たしているかどうかにかかっています。光や水位などの要因も、生育期間に影響することがあります。ほとんどの作物は、完全に成長するまでに、さまざまな成長段階があります。忍耐が肝心です！

スピードを上げる方法

骨粉を与えると植物の成長を早めることができます。ところで、骨粉とは何でしょうか？　どこで手に入れるのでしょうか？　そこが難しいところです……。骨粉を作るには、まず骨が必要です。そして骨を手に入れるには、スケルトンと対決して勝つ必要があります。やっぱり簡単ではないでしょう？

肉を調理しよう

オーバーワールドにはレストランがありません。肉や魚を食べたければ、自分で捕まえて調理しなければなりません。ほとんどの肉や魚は生のままでも食べられますが、調理してから食べたほうが空腹度が回復します。では、どうやって調理するのでしょうか？　さあ見てみましょう！

かまど

かまどは、オーバーワールドにあるほとんどの石のブロックでクラフトできるので、作るのはとても簡単です。かまどを燃やすためには燃料が必要ですが、石炭でも作業台でも燃えるものなら、ほとんど何でも使えます。燃え始めたら、燃え尽きるまではアイテムを１つずつ順番に調理できます。

燻製器

かまどを燻製器にアップグレードすると、肉を半分の時間で調理できるようになりますが、用途がそれだけになります。鉱石の精錬はできなくなります。かまどと同じように燃料が必要ですが、いろいろなものを燃料にできます。道具をアップグレードしましたか？　古くなった木の道具は燃料として投げ込みましょう！

たき火

たき火での調理は、肉を焼くのに最も時間がかかる方法にも、最も早く焼ける方法にもなりえます。なぜなら、燻製器やかまどと違って、一度に４品まで調理できるからです。つまり、１つの食材を焼く場合は余計に時間がかかりますが、４つの食材を同時に焼けば時間を節約できます。そのうえ、燃料も必要ありません！

なぜ調理するのか？

それは、食べ物のデータを見ればわかります。調理をすると、ほとんどの場合、肉や魚から得られる空腹度が２倍以上になります。調理をしない手はありません。

生肉	空腹度	調理した肉	空腹度
生の牛肉	3	調理した牛肉	8
生のニワトリ	2	調理したニワトリ	6
生のマトン	2	調理したマトン	6
生の兎肉	3	調理した兎肉	5
生の豚肉	3	調理した豚肉	8
生のタラ	2	調理したタラ	5
生の鮭	2	調理した鮭	6

動物の飼育

幸いなことに、肉を求めて動物を追いかけ続ける必要はありません。動物は飼育できます！　モブを飼育するうえで重要なのは、繁殖させることです。そのためには、動物をラブモードにさせる食べ物を知っておく必要があります。では、自分でモブ農場を立ち上げるためのヒントとコツを見てみましょう。

囲いを作る

まず、モブのために囲いを作る必要があります。最も簡単な方法は、木の柵と柵のゲートで周囲を囲むことです。こうすれば、自分のモブを外に出さず、敵対モブを中に入れないようにできます。周囲を照らすために、たいまつを必ずいくつか追加してください。囲いの中に敵対モブがスポーンするのは避けたいです！

モブを集める

さて、囲いができましたが、動物たちをどうやって中に入れればよいのでしょう？　ここで作物が役に立ちます。ほとんどのモブは、好きな食べ物を持っている人についてきます。選んだモブがどんな食べ物が好きか調べて、囲いの中へ連れていきましょう。

群れを大きくする

いよいよ動物たちを繁殖させましょう。ほとんどのモブは、2匹に好きな食べ物を与えることで繁殖できます。好物を与えられた2匹は、ラブモードに入ります。もちろん、手に入りやすい食べ物も、そうでないものもあります。たとえば、ウマには金のニンジン、金のリンゴ、またはエンチャントされた金のリンゴが必要ですが、どれも簡単には見つかりません。

家畜

やあ、こんにちは！　ぼくはフラン・スレーター、村人通訳です（いや、勝手に名乗っているだけで、内緒ですよ）。オーバーワールドには飼育できるモブが何種類かいますが、それらはみな友好的です。つまり、先に攻撃されても攻撃してきません。村人たちはみな、自分たちのモブをオークションに出していますので、何が出ているか見てみましょう。ぼくが通訳しますよ！

羊

こんにちは、私の立派な羊を見てください！　よいマトンが手に入るだけではありません。毛を刈ってウールを手に入れ、好きな色に染めることもできます！　私は今のところ希少なピンクの羊を持っていませんが、本当に幸運なら、野生のものを見つけられるかもしれません。

繁殖

ドロップ

ヤギ

ヤギはいかがですか！　肉は手に入りませんが、ミルクはしぼれます。ケーキの味もまったく同じになるはずです！　もちろん、あなたやあなたの友だちがつっつかれる可能性も少しはありますが、あの小さなヒゲを見てください！　大声では鳴かないので、安心してください……でも時には、叫ぶヤギが生まれることもあります。

繁殖

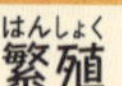

ドロップ

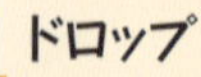

ブタ

ブーブー！　これはブタ語で「ジャガイモか、ニンジンか、ビートルートがポケットにありませんか？」という意味です。ブタはすごくかわいいというだけではなく、おいしい豚肉が手に入ります。空腹度をすぐに満タンにできます！

繁殖

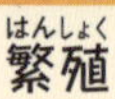

ドロップ

ニワトリ

繁殖

ドロップ

お菓子作りは好きですか？　もしそうなら、このニワトリのモブを連れて帰ってください。一生タダで卵が手に入りますよ。卵がないと、お菓子はあまり作れませんよね！　ニワトリは羽根も落とします。羽根は、矢や羽ペンなどを作るのに役立ちます。ニワトリは肉も食べることができます。でも、ニワトリがいなくなってしまいます……。

ムーシュルーム

繁殖

ドロップ

ムーシュルームには2つの種類があります。よくいるのが赤と白の変種で、茶色の変種は希少です。ウシのようにミルクをしぼれるだけはありません。おわんを使ってミルクをしぼれば、きのこシチューができます！　毛を刈ってキノコを取り除くこともできますが、そうすると普通の牛になってしまいます。それじゃあ、つまらない！

ウシ

繁殖

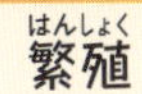

ドロップ

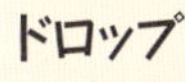

モーそろそろ、友好的なウシを家に連れて帰りましょう！　このモブを倒すとステーキが手に入ります。また、バケツを持ってミルクをしぼれます。ミルクはケーキの主な材料なので、甘いものが好きな人にはおすすめのモブです。

ウマ

繁殖

ドロップ

この美しいモブを見てください！　通りの向こうの革職人の村人から鞍を入手するだけで、この馬を飼いならしてオーバーワールドを走り回れるようになります。ウマの背に飛び乗り続ければ、すぐに手なずけることができます。

ロバ

繁殖

ドロップ

長旅を計画しているなら、私のロバがぴったりですよ！　鞍を付けて乗れるだけではありません。チェストを取り付ければ、荷物を全部運んでくれます。ウマと同じ方法で手なずけられます。

ラバ

ドロップ

ウマとロバを掛け合わせたら、どうなりますか？　もちろんラバです。とてもうれしそうですね！ リードを付けてどこへでも連れていけます。またロバと同じように、チェストを運べます。ロバと違うのは、ラバは繁殖させて増やすことができないことです。

ラマ

繁殖

ドロップ

今日はモブを売っているんでしたっけ？　ラマはいかがですか？　もちろん、私のラマはダメです！　これらのモブは私にだけに忠実なんです。でも、別のラマならどうでしょう？　いや、待てよ……。取引はやめましょう。サバンナバイオームで自分で見つけてください。ラマはいい仲間で、つばをはくのは、先に攻撃されたときだけです。荷物を全部運んでくれるし、かわいいカーペットで着飾ることもできます。

野生動物ツアー

遅くなってごめんなさい！　私はミス・ハップ。ハッピーと呼んでください。オーバーワールドの魅力的な野生動物をご紹介します。今日は、フレンドリーな友好的モブと、中立モブの両方を見ていきましょう。中立モブは挑発すると攻撃してくることがあります。でも心配しないでください。私の指示に従ってもらえれば、心配はいりません。では行きましょう。

森林

ネコのカットとアレイのアリを紹介しますね。私の忠実な仲間です。カットはクリーパーやファントムを寄せ付けません。なぜかはわかりませんが……ネコに近寄らないことだけは確かです！カットも朝にプレゼントを持ってきますが、いいものばかりじゃありません！　ネコは、ほとんどの村や湿地帯の小屋で見つかります。一方、アレイは森の洋館や略奪者の前哨基地から解放することができます。アリを救出するのはかなり危険でしたが、それに見合うだけのものを得られます。アイテムを渡すだけで、それをもっとたくさん見つけてくれるんです！

オオカミ

オオカミは中立のモブで、手なずけて仲間にすることができます。赤い首輪が付くまで骨を食べさせれば、あなたの後をついてくるようになり、スケルトンを追い払ってくれます。ただし、手なずける前に誤って叩いてしまわないように注意しましょう。怒らせると噛みつかれちゃいますから！

ハチ

ハチといえば、すべてのモブの中で最も控え目な存在です。ハチから得られるハニカムを使うと、銅にワックスをかけたり、キャンドルや蜂の巣箱を作ったりできます。また、ハチミツをガラスビンに入れれば、解毒のための飲み物になります。ただし収穫を始める前に、ハチの巣の下の 5 ブロック以内でたき火をすることを忘れないでください。怒ったハチの群れに追いかけられたくはありませんよね！

砂漠

ラクダ

やったー！　ラクダを見つけました！　誰か鞍を持っていませんか？　このモブには２人まで乗ることができます。しかも、ほとんどのモブが届かない高さです。これは便利！　さらには川や峡谷を駆け抜けたり、ダッシュしたりできるので、砂漠を横断するには最高です。

ウサギ

食料がなくなったって、どういうことですか？　小さなウサギを誘い込むニンジンもないんですか？ウサギは捕まえるのが難しいし、村が見つからなければ、砂漠で食べるものは他にないんですよ！ウサギを追いかけるついでに、ウサギについての面白い事実をいくつか紹介しましょう。ウサギはほぼすべてのバイオームでスポーンし、さまざまな色をしています。これも可能性は低いですが、ウサギをついに捕まえられたら、ウサギの足をドロップすることがあります。これは、ポーションの材料になります。

ジャングル

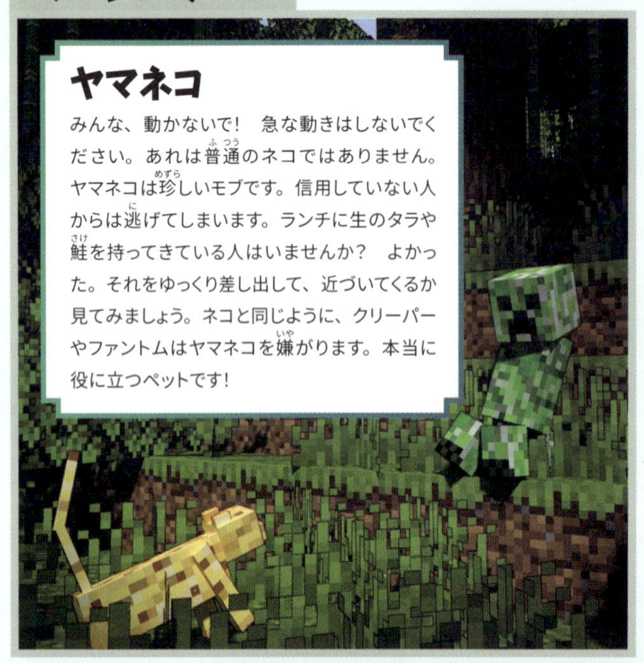

ヤマネコ

みんな、動かないで！　急な動きはしないでください。あれは普通のネコではありません。ヤマネコは珍しいモブです。信用していない人からは逃げてしまいます。ランチに生のタラや鮭を持ってきている人はいませんか？　よかった。それをゆっくり差し出して、近づいてくるか見てみましょう。ネコと同じように、クリーパーやファントムはヤマネコを嫌がります。本当に役に立つペットです！

オウム

素敵なものを見たいですって？　あのジュークボックスに音楽ディスクを入れると、オウムが踊ってくれます！何か種があれば、手なずけられます。もちろん、うちのネコやアレイほど役には立ちませんが、肩に乗っている姿はかわいいですよ。ただし、クッキーだけは与えないようにしてください！　オウムのパトリック、ご冥福をお祈りします。

パンダ

急いで、そこにある竹をつかんでください！　パンダは竹を持っている人についてきます。知ってましたか？　パンダはそれぞれ性格が違っているんです。怠け者だったり、心配性だったり、遊び好きだったり、弱気だったり、攻撃的だったり。ちょっと待って！　あのパンダを叩いたのは誰ですか？　あー、逃げて！　何もしなければ、大丈夫だったのに！

雪

ホッキョクグマ

ほら、見てください！　家族です！　離れていましょう。子グマにとって危険だと、大人のホッキョクグマに思われないようにしなければなりません。子グマを攻撃するようなバカな真似をすれば、近くにいるすべてのホッキョクグマが復讐しにきます。

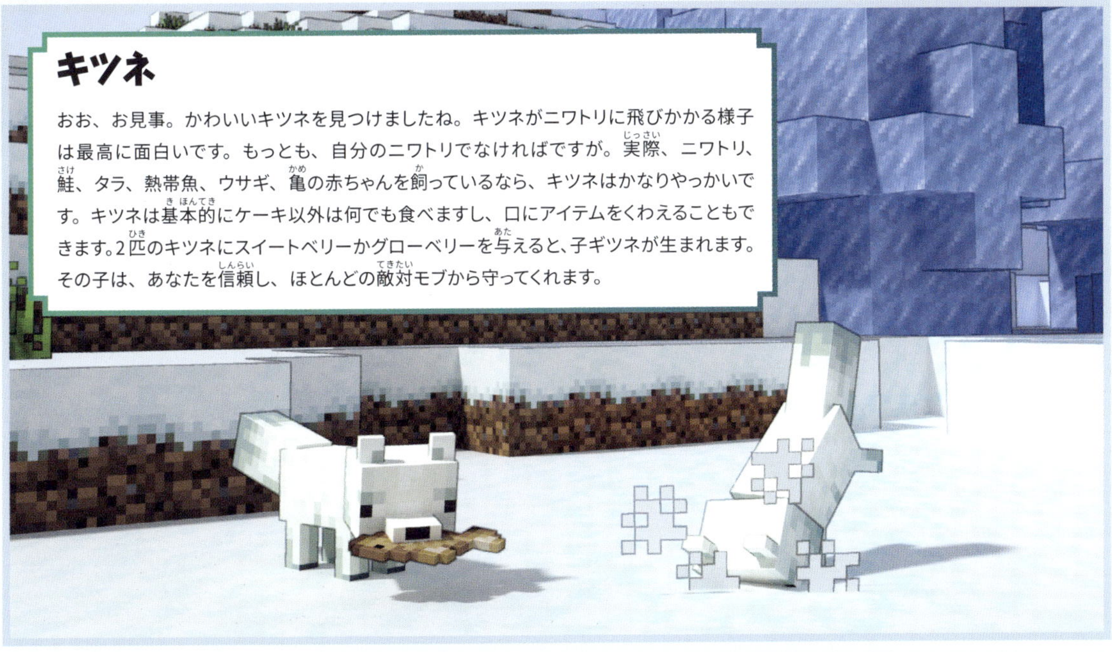

キツネ

おお、お見事。かわいいキツネを見つけましたね。キツネがニワトリに飛びかかる様子は最高に面白いです。もっとも、自分のニワトリでなければですが。実際、ニワトリ、鮭、タラ、熱帯魚、ウサギ、亀の赤ちゃんを飼っているなら、キツネはかなりやっかいです。キツネは基本的にケーキ以外は何でも食べますし、口にアイテムをくわえることもできます。2匹のキツネにスイートベリーかグローベリーを与えると、子ギツネが生まれます。その子は、あなたを信頼し、ほとんどの敵対モブから守ってくれます。

緑豊かな洞窟

発光するイカ

あのツツジの木の下を掘れば良いことがあるって、わかってましたよ。緑豊かな洞窟を見つけちゃいました！　水中で光っているのが見えますか？　あれは発光するイカなんです！美しいでしょう？　ここで見られるなんてラッキーです。普通はウーパールーパーに攻撃されるんです！攻撃されると、すごい防御をします。明るいターコイズ色のインクで相手を混乱させ、姿を隠して逃げ去ります。

ウーパールーパー

あっちを見て！　ウーパールーパーです。間違いなくオーバーワールドで最もかわいいモブの１つです。ちっちゃい顔ですね！攻撃されると、敵がいなくなるまで死んだふりをします。賢いと思いませんか？　お望みなら、バケツに入れて持ち帰り、熱帯魚を使って繁殖させることもできます。

コウモリ

上を見ないでください。吸血鬼が降りてきて血を吸いますよ。冗談です！　Minecraft に吸血鬼はいません……今のところは！　でも、洞窟にはたくさんのコウモリがいます。この小さなモブはまったく無害で、あてもなく飛び回ります。溶岩の中に飛び込むこともあります。

賢いとは言えませんね！

湿地帯

カエル

見て、カエル！　言ったでしょ。ウィッチに出くわす危険性はあるけど、湿地帯に来るだけのことはあるって。あっ、水中にカエルの卵がありますね。バケツを持ってきていて、よかった！　オタマジャクシを違うバイオームに連れて行くと、バイオームの温度によって違う色に育ちます。温帯ではオレンジ色、熱帯なら白、寒い場所では緑色になります。面白いでしょ？

砂浜

ウミガメ

最後に、近くの砂浜を見てみましょう。ほら、見てください！　砂の上にウミガメがいるでしょ？　それと、赤ちゃんも！　ウミガメは大きくなると甲羅のかけらをドロップするのですが、それを拾ってクラフトすると、カメ甲羅ヘルメットができます。奇妙なことに、ウミガメが雷に打たれるとおわんになります！

鉱石を掘り当てろ

担当のダグ・マクダートだ。気分はどうだい？　採掘に出かける準備はいいかな？　よーし！　地下には、そりゃあたくさんの鉱石が眠っている。そいつを使えば、すげえものができるんだぜ。とびきり珍しいのは、地下深くにある。そこへは、根性のあるやつしか行けねえんだ。あんたはどうなんだい？

銅鉱石

見つかる場所：レベル -16 ～ 112
探すのに最適な場所：鍾乳洞
採掘方法：石のツルハシ以上
クラフトできるもの：避雷針、望遠鏡、ブラシ

石炭鉱石

見つかる場所：レベル 0 ～ 320
探すのに最適な場所：すべてのバイオーム
採掘方法：すべてのツルハシ
クラフトできるもの：たいまつ、たき火、発火剤、ソウルたいまつ

金鉱石

見つかる場所：レベル -64 ～ 256
探すのに最適な場所：荒野バイオーム
採掘方法：鉄のツルハシ以上
クラフトできるもの：金のリンゴ、金のニンジン、輝くスイカの薄切り、金の道具、金の防具など

鉄鉱石

見つかる場所：レベル -64 ～ 320
探すのに最適な場所：すべてのバイオーム
採掘方法：石のツルハシ以上
クラフトできるもの：クロスボウ、鉄の道具、鉄の防具、バケツ、コンパス、火打ち石と打ち金、ハサミなど

ラピスラズリ鉱石

見つかる場所：レベル -64 ～ 64
探すのに最適な場所：すべてのバイオーム
採掘方法：石のツルハシ以上
クラフトできるもの：青、水色、空色、赤紫、紫の染料や、青のステンドグラス窓、青のテラコッタなど

エメラルド鉱石

見つかる場所：レベル -16 ～ 320
探索できる場所：山岳バイオーム、吹きさらしの丘バイオーム
採掘方法：鉄のツルハシ以上
用途：エメラルドはほとんどの場合、村人との取引に使われる

レッドストーン鉱石

見つかる場所：レベル -64 ～ 15
探すのに最適な場所：すべてのバイオーム
採掘方法：鉄のツルハシ以上
クラフトできるもの：時計、的、コンパス、発射装置、観察者、レッドストーンランプ、レッドストーンのたいまつなど

ダイヤモンド鉱石

見つかる場所：レベル -63 ～ 14
探すのに最適な場所：すべてのバイオーム
採掘方法：鉄のツルハシ以上
クラフトできるもの：ダイヤモンドの道具、ダイヤモンドの防具、エンチャントテーブル、ジュークボックス、鍛冶テンプレートなど

海面の高さはレベル 62 で、ブロックを掘り下げるごとにレベルが下がっていくぜ。

掘る前の準備

おいおい、ちょっと待った！　いきなり掘り始めればいいだなんて、思ってやしねえだろうな？　まずは、なくてはならないものを持ち物に入れておかなきゃならねえぞ。そうしねえと、死んじまうぜ。食べ物がなくなるとか、敵対モブにやられるとか、溶岩に落ちるとかしてよ。それぐらい、わかっているよな。準備が肝心だ。

石の道具

採掘を始める前に、道具を石にグレードアップしておけよ。木製の道具は地下ではあまり長持ちしないし、ツルハシがぜんぶ壊れて動けなくなるのは避けたいところだからな。武器もいくつか持っていくんだ！

たいまつ

背後でモブがスポーンするのを避けたいなら、たくさんのたいまつを持っていくんだ。たいまつを置きながら進んでいけば、採掘場の明るさを保てるからな。石炭は丘や地表のすぐ下で、簡単に見つかるぜ。

ベッド

しばらく地下で過ごすつもりなら、ベッドを持っていって、新しいリスポーン地点を設定できるようにしておくんだ。どんなに用意周到なプレイヤーでも、命を落とすことはあるからな。わざわざもう一度降りてくるのは、避けたいだろう。

作業台

時間を節約するために、作業台を持っていくんだ。そうすれば、急に何かが必要になったときでも、クラフトできるからな。

水入りバケツ

水入りバケツを、少なくとも1つ用意しておくと便利だぜ。運が良ければ、村のチェストでもう見つけてるかもな。溶岩に触れたときに炎を消したり、滝を作って、大きな落差を泳いで登ったり降りたりできるぞ。

棒

十分な数の棒を持ち物に入れておくと便利だぜ。いずれ必ず、たいまつや道具をもっと作る必要が出てくるはずだ。少なくとも、満杯の棒のスタックを2つは入れておくんだ。

食料

地下には、食料になるものがあまりない。ダイヤモンドを食べても歯が折れるだけだ。だから、食料をたくさん持っていっとけよ。採掘は腹が減るからな！

採掘のコツ

もちろん、採掘の冒険に必要なのは装備だけじゃねぇ。知識も重要だ！　ここでは、HPを満タンに保ち、持ち物を充実させるための採掘のヒントを紹介するぜ。

通路を照らす

洞窟は広大で迷いやすいところだ。帰り道を示す明るいパンくずとして、たいまつを使うといい。そうすれば、常に出口がわかるからな。たいまつを同じ側に置くと、どっちに向かえばいいのかもわかるぜ。狭いトンネル内で背後にモブがスポーンするのをたいまつで防げるしな。だけど、他の場所からモブが追いかけてくるのは防げないから注意しろよ。

登って戻ってくる

さて、降りたはいいが、また上に戻るにはどうしたらいいと思う？　はしごなら棒で簡単に作れる。登って新しい宝物を持って地上に戻るのに役立つぜ。

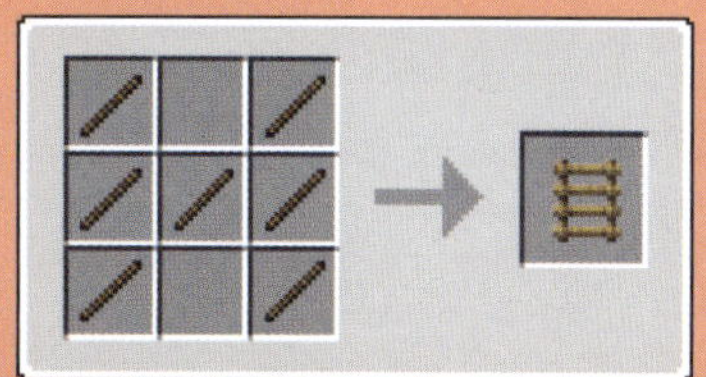

飛び込む

急な斜面を下りなきゃならねえのに、水の入ったバケツをまだ持っていないって？　多くの洞窟には水たまりや小川があるぜ。下に水たまりがあって、勇気があるなら、水たまりに飛び込むんだ。水が落下のダメージを防いでくれるぜ。ただし、注意しろよ。泳ぐのを忘れると、水面下の深くまで沈んでしまうこともあるからな。

音量を上げる

角を曲がったところに潜んでいる危険に気づくのは、簡単とは限らねえ。音量を上げるんだ（それか、字幕をオンにするんだ）。そうすれば、敵対モブから耳や目をそらさずにいられるぜ。

頭上に気をつける

頭の上を掘るのはおすすめしねえな。頭の上のブロックを掘ると、大量の砂利が崩れ落ちてくるかもしれないからな。そうなれば、窒息しちまう。

足元に気をつける

急な崖の近くにいるときは、滑り落ちないようにスニーク機能を使うんだ。

洞窟はどうだい？

さて、すべての装備がそろったから、採掘には出かけられそうだな。でも、どこから始めるつもりだ？　とりあえず基地の真ん中にでも、穴を掘り始めるか？　まあ、それも悪くない。確かに地下には行けるだろうよ。でも、本当に冒険的な採掘がしたいなら、洞窟を見つけるべきだろうな。

なぜ洞窟なの？

洞窟は巨大な地下ネットワークだ。危険も多いが、見返りも大きい。掘るよりもはるかに早く地下深くに行けるだけじゃなく、鉱石も簡単に見つけられるぜ。それに、見どころもいっぱいだ。たとえば、溶岩の池（そこで泳ぐんじゃねえぞ！）や尖ったドリップストーン、かわいいコウモリとかかな。

洞窟はどれも同じ？

ぜんぜん違うぜ！　巨大で広々とした洞窟もあれば、迷子になるほどたくさんの地下トンネルがあるものや、かなり小さいものもある。かなり運が良ければ、緑豊かな洞窟が見つかるかもしれねえぞ。美しい緑に囲まれた、ウーパールーパーが見つかる唯一の場所なんだ。

何が得られるの？

もちろん冒険だ！　それに、鉱石もたくさん手に入る。そのうえ、廃坑も見つかるかもしれねえ。廃坑には、ダイヤモンドや金の延べ棒、レッドストーンの粉などの宝物でいっぱいのチェストを乗せたトロッコがあるかもな。ただし、気をつけろよ。このような構造物には、毒を持った洞窟グモが住んでいることがよくあるんだ。

どんな危険があるの？

洞窟の中はかなり暗い。じゃあ、暗闇では何がスポーンする？　敵対モブだ！　実は、暗闇が大好きなおなじみのモブたちに加えて、シルバーフィッシュだっている。虫食いブロックを採掘すると、飛び出してきて攻撃してくるんだ。さらには、大きな落差や溶岩の池もある。道具がなくなって、そこで動けなくなるかもしれねえ。そのうえ砂利が落ちてくるなんて話はしたくもねえ！　確かに、危険はたくさんあるだろうよ。でも、少しも危険がなかったら、冒険とは言えねえだろう？

洞窟はどうすれば見つかるの？

すべてのバイオームの地下には洞窟が隠れてるんだ。丘や山の側面に入り口があることもあれば、地面の割れ目のように見えることもある。見つからない場合は、下に掘ってみるといいかもな。最終的には洞窟が見つかるかもしれねえ。緑豊かな洞窟を見つけるには、ジャングルや暗い森など湿度の高いバイオームで、ツツジの木の下を掘ってみるといいぜ。

何をぼやぼやしているんだ？　道具を持って掘り始めようぜ！
先に岩盤まで降りたやつの勝ちだ！

装備を整えよう！

ああ、カイン・メイル、君は本当に素敵だね。いや、それほどでも！　あ、気にしないで、ピカピカの防具に映った自分の姿に話しかけてるだけだから。どうしてぼくがこんなに魅力的に見えるのか、たぶん不思議に思ってるね。もちろん、生まれ持った美しさのせいもあるけれど、ほとんどは素敵な装備のおかげだね。だめだめ、ぼくのはあげられないよ。自分で手に入れる方法を教えてあげるね。

どうやって作るの？

防具は自分で作ることができるから、きみのファッションセンスも活かせるよ。地下で集めた鉱石を覚えてるかい？それらの一部を精錬すれば、防具を作れるんだ。もし、地下で必要なものをまだ手に入れていないなら、ウシやムーシュルーム、ウマ、ラバ、ロバ、ラマなどのモブを倒して集めた革から防具を作ることもできる。色を付けることだってできるんだ！

どこで見つけられるの？

Minecraft をプレイしていると、いずれこんなふうに思うんじゃないかな。「あのスケルトンは、どこであんなに素晴らしい兜を手に入れたんだろう。どうすれば、あんなにかっこよくなれるのだろう」って。そうじゃない？　ぼくだけかな？　まあ、防具を着けたモブを倒せば、高い確率で防具をドロップするはずさ。防具鍛冶か革細工師の村人と取引することもできるよ。

どうやって装備するの？

防具を装備するには、持ち物を開き、自分の素敵な写真の横にある防具スロットに装備品をドラッグするんだ。ほら見て！　あっという間に、地味で無防備なイモムシが美しくて強い蝶へと変身したな！　お役に立てて光栄だよ。

材料

では、どんな材料を選ぼうか？　ぼくにだって、見た目より実用性を優先させなきゃならないことがあるからね。

革

革は戦いでは最も弱いけど、氷のバイオームで凍るのを防いでくれるんだ。一番いいところは、茶色が好みでなければ、染色できることさ。ぼくならピンク！

亀の甲羅

ウミガメの甲羅のかけらから作られたこのヘルメットをかぶれば、水中での呼吸が 10 秒間延長されるよ！　残念ながら、ウミガメのフルセットはないんだけど……。

金

金も戦闘では最強じゃないし、黄色はぼくの好みの色でもない。でも、金はピグリンが攻撃するのを防いでくれるんだ。少なくとも、彼らに別の攻撃理由を与えなければね。

チェーン

ああ、ぼくのお気に入り。何か特別なものを感じさせるんだよね……ぼくみたいに。この防具は、ぼくのようにユニークなんだ。この防具だけはクラフトできない。見つけるしかないけど、たぶん戦うことになるだろうね。

鉄

鉄の延べ棒で作るよ。戦闘用としては一番簡単に作れるんだ。

ダイヤモンド

とても頑丈で、戦闘でも優れているよ。ただし、全セットをそろえるには、たくさんのダイヤモンドを集める必要がある。まずは採掘だね。

ネザライト

使用できる最も強力な素材であり、火の攻撃からも身を守ってくれるんだ。ぼくのように溶岩の池に落ちやすい人には役立つよ。でも残念ながら、これを作成するには、美しいダイヤモンドの防具を犠牲にして、ネザライトのインゴットと組み合わせる必要があるんだ。

改造

もっと魅力的に見せたいって？　当然だよね！　あちこちの構造物に隠されている鍛冶テンプレートを使えば、防具の装飾を変えられるよ。

さまざまな移動手段

また会いましたね！　よかった、野生動物ツアーは無事に切り抜けたんですね。ほっとしました。私は、ツアーだけでなく、オーバーワールドの移動方法のレッスンも行っています。あのたくさんのモブたちを見つけるのに、他の方法なんてありますか？　あちこちに行くのは簡単です。戻ってくる方法を見つけるほうが難しいのです！　では移動方法を見つける方法をいくつか紹介しましょう。

旅

オーバーワールドを歩き回るのはかなり時間がかかりますし、ダッシュすると空腹度がすぐになくなってしまいます。でも幸いにも、はるかに良い方法がいくつかあります！

ラクダ

砂漠で乗り物を探しているなら、ラクダを手に入れましょう。2人のプレイヤーが同時に乗ることができます。また背が高くて、ほとんどの敵対モブはプレイヤーに届きません。ざまあ見ろ、ハスク！　峡谷だって、ダッシュで駆け抜けます。バイバイ、重力！　おっと、これは広すぎた。あーっ！　またどこかで会いましょうー！

ウマ

最も速い移動方法の1つはウマです。でもまず、手なずけなければなりません……。痛いっ、なんで振り落とすの？　ほら、こうやって何度も乗らなければなりません……ちょっと！　そんなに恥をかかせないでよ。ほら、おやつだよ……。そして最後には、背中から振り落とすのをやめるでしょう……おお！　できた。

鞍

乗れるすべてのモブには鞍が必要なので、乗れるモブを見つける前に、まず構造物の中にあるチェストで鞍を探しましょう。釣り上げることもできます。どこのどいつが水の中に鞍を投げ込んだんだって、思いますよね？　……ごもっともです。誓って言いますが、私が鞍を持ち物に入れたまま何度も溺れたわけではないですよ……。

移動

オーバーワールドを移動する方法はいくつかあります。個人的には「ぐるぐるさまよう」方法を採用していますが、それは効率的な時間の使い方ではないって言われちゃいました。だから別の方法をいくつかご紹介しますね。

目印になるもの

基地を目印になるものの近くに建てれば、帰り道が見つかります。たとえば丘や川などが目印になりますが、自分で作ってもよいでしょう。何百ブロック先からも見えるようなバカ高い塔を建てれば、二度と基地を見失うことはないでしょう。

寝る

ベッドで寝れば、リスポーン地点を設定できます。そうすれば、一番早くそこに戻る方法は死ぬことです！　あの、つまり……たまたま死んじゃったら戻れるってことですよ。歩いて帰るのが嫌だからって、崖から身を投げたりはしませんよ……ふふっ。

太陽と月のコンパス

太陽と月を見れば方角がわかります。太陽と月は常に東から昇り、西に沈みます。つまり、太陽と月の方角を見れば、いつでも西がわかります。

ロバ／ラバ／ラマ

ロバやラバ、ラマは馬ほど速くはありませんが、大きな利点があります。それは、チェストを装備できることです。つまり、持って行きたいものを、すべて持っていけます。大事な羽のコレクションでさえ！

ボート

移動している場所の近くに海や川はありますか？　ボートは泳ぐよりもはるかに速いです。しかも、止まったり陸地に近づきすぎたりしない限り、敵対モブに襲われることなく、一晩中移動を続けられます。チェストを装備したり、ペットを連れていくこともできます！

トロッコ

同じ道をよく通るんですか？　どうして？　探検する場所なら、いくらでもありますよ！　ああ、鉱山からすぐに出る手段が必要なんですね。なるほど。それなら、鉄道を作ってはどうですか？　必要なのは鉄の延べ棒と棒だけです。それだけで、トロッコに乗ってガンガン走れる鉄道を作れます。かなり楽しそうですね。

村へようこそ

フラン・スレイターです。また会いましたね。ぼくの住んでいる村をご案内しますね！残念ながら、ほとんどの村人は仕事を持っているうえに、「ふむ」としか言わないので、ご案内するのはまたぼくです。ぼくは最高の通訳ではないかもしれませんが、村とその住民について少しは知っているので、それをお伝えすることはできますよ。

どこで見つけられるか

ぼくの村は草原バイオームにありますが、タイガやサバンナ、砂漠のバイオームに生成される村もあります。生成される場所によって、建物の外観や資源、村人の服装が決まります。

うわさ話

村人たちはうわさ話が大好きです！　誰かにひどいことをしたり、良いことをしたりすれば、みんなに知られることになります。親切にすれば、良い取引をしてくれるでしょう。意地悪をすれば、アイアンゴーレムをけしかけるでしょう！

職業

それぞれの建物の中には職場の区画があり、雇われた村人が取引のためのアイテムを作っています。選べる職業はたくさんあります。たとえば、肉屋、農民、司書などです。すべての職業がすべての村にあるわけではなく、すべての村人が職業を持っているわけでもありません。たとえば、「怠け者」は何もしません！

農場

ここがぼくたちの農場です。どの村にも1つはあります。たくさんの果物や野菜が熟して、収穫を待っています。急いで、いくつか取ってください。誰にも言いませんから！

資源

村には食料以外にも、木材、石材、地図、たいまつなど、たくさんの資源があります。村人たちはとてものんびりしているので、これらを持っていっても問題ないでしょう。ただし、彼らが生きていくのに十分な量を残しておいてください！

繁殖

村人たちは自分のペースで繁殖しますが、繁殖を奨励したい場合は、1つ方法があります。それはベッドです。ベッドをたくさん作ってあげるのです！　また、ラブモードに入るには食べ物が必要なので、食べ物を全部盗んでしまわないように注意してください。

守護者

アイアンゴーレムは敵対モブから村を守ります。彼らはとても忠実であり、多くの村人の反感を買ってしまうと、プレイヤーを追い払うこともあります。ときには、友情の印として村人にポピーを渡すことがあります。

ゾンビの侵入

ときどき、ゾンビが村の防御をすり抜けて、村人の誰かをゾンビ村人に変えてしまうことがあります。村全体をゾンビに変えてしまうことさえあります！　もし村に入って、すべてのドアとたいまつがなくなっていて、それを奪ったのが自分でない場合は、すぐに逃げてください！

宝物と罠

私を覚えていますか？　サー・バイバルです。最初の夜を乗り切るお手伝いをしましたよね。ああ、死んでしまったんですか？　やれやれ、オーバーワールドのさまざまな構造物を探検するほうが、生き残る確率は高そうだと言いたいところですが、それは嘘になりますね。ほとんどの場所は罠や敵対モブでいっぱいですから。でも、少なくとも宝物があります。ちょっとぐらいの危険は覚悟できますよね？

ジャングルの寺院

オウムやパンダ、ヤマネコに見とれながら、ジャングルを歩いていると、丸石の建物に出くわします。放置されているようですが、ちょっと人を寄せ付けない感じもあります。どうしますか？　中に入りますか？　ダメです。たいまつと盾を持たずに入るなら、この建物は巨大な墓も同然です。階下では、トリップワイヤーがあなたに矢を放とうと待ち構えており、暗闇では解けそうもないパズルが用意されています。

砂漠のピラミッド

平らな砂漠では、この構造物のテラコッタ模様が遠くからでも見えるでしょう。内部は空っぽに見えるかもしれませんが、だまされてはいけません。中央の地下には、宝物が詰まったチェストが4つある部屋が隠されています。罠があるのでは、と気になりますか？　はい、石の感圧板の罠があり、その下の9つのTNT火薬ブロックにつながっています。何があっても、その上には立たないでください！

略奪者の前哨基地

アイアンゴーレムと一緒に檻に閉じ込められている、信頼できるアレイを見つけられます。彼らを助けますよね？ ああ、クロスボウを向けている何十人もの略奪者が怖いですか？ 無理もありません。彼らはとても恐しいです。もしこの戦いに挑むなら、たくさんの戦利品も手に入るでしょう。ただし、頭の上に旗を掲げた略奪者のリーダーを倒すときには注意してください。倒すと凶兆の効果を受け、次に村に入ったときに襲撃が発生します。

要塞

実のところ、この構造物にはめったに出くわしません。1つには、それが地下深くに埋まっているからです。この構造物を見つけるには、エンダーアイを使用する必要がありますが、そのためにはまず、ネザーで命を危険にさらさなければなりません。こうしたことが魅力的に思えるときが、きっと来るでしょう。要塞には通路や奇妙な部屋がたくさんあり、その中にはエンドポータルの部屋もあります。そこには果ての世界の次元へ行ける唯一の手段があります。

森の洋館

森の洋館は、奇妙な部屋や好奇心をそそるアイテムが満載の巨大な建物で、探検家にとっては宝の山です。もちろん、それらの宝は無防備に放置されているわけではありません。エヴォーカーやヴィンディケーターがこの構造物を守っています。盗賊が入りこんだと知れば、喜ぶわけがありません！ 別のアレイが閉じ込められていないか、目を光らせましょう。

新しい次元

オーバーワールド、つまりMinecraftで最も住みやすい次元については、たくさんのことを知ってもらえたんじゃないかな。じゃあ、他の2つについてはどう？　私はネリー・ポーター。そこには、クリーパーよりも恐ろしいものがいることを教えてあげる！　オーバーワールドとは比べ物にならないくらい危険でいっぱいだよ!

ネザー

最初に発見する新しい次元はネザーだね。異質な風景と恐ろしいモブばかりだから、ここに足を踏み入れる前に戦闘スキルをしっかりと身につけたほうがいいよ。生き残るには、戦わなきゃならないんだ。

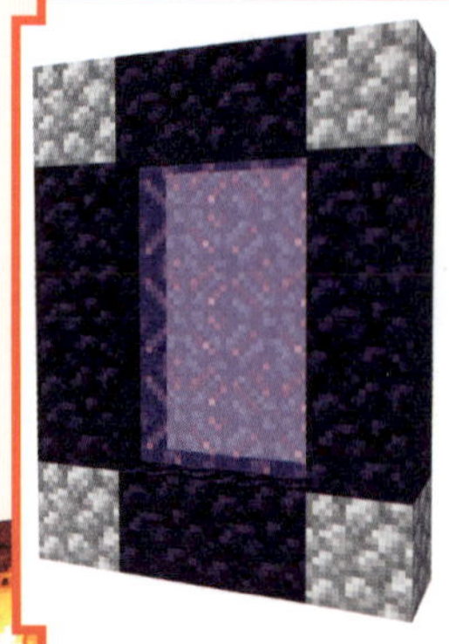

どうやって行くの？

ネザーに行くには、ネザーポータルを使って移動しなきゃならないんだ。自分で10個の黒曜石ブロックを使ってポータルを作ることもできるし、オーバーワールドで見つけた壊れたポータルを修復することもできる。ただし、まずはダイヤモンドのツルハシが必要だよ。これは黒曜石を採掘できる唯一の道具なんだ。できあがったら、火で点火して出発だ！　ここまでは簡単なんだけど……。

そこに着いたらどうなるの？

さまざまな次元の中でも、ここはかなり危険だよ。溶岩の穴や切り立った場所、敵対モブなどがとても多くて、死ぬのは簡単。実際、友好的なモブはネザー全体で1種類だけなんだ。それに、食料源も1つしかなくて、そのホグリンも簡単には倒せない!

それでも行きたいのはどうして？

挑戦？　冒険？　大量の宝物？　いつか果ての世界を見たいという願望も？　お好きなように！　ネザーは危険もいっぱいだけど、お宝もいっぱいだよ。それに、ポーションを醸造したいなら、醸造台のためにブレイズを倒す必要があるしね。

果ての世界

探検すべきもう１つの次元は果ての世界だね。そこには、Minecraftで最強の敵対モブであるエンダードラゴンが住んでるんだ。ここにたどり着くのは簡単じゃないけど、生き残ることができれば、自慢できる偉業になるよ！

どうやって行くの？

そこに行くのはちょっと（いや、かなり）難しいね。まずは要塞を見つけなきゃならない。そこにエンドポータルがあるんだ。ただし、要塞は地下深くにあって、見つけるにはエンダーアイが必要だよ。エンダーアイを作るには、２つの材料が必要なんだ。エンダーパールとブレイズパウダーだよ。エンダーパールはエンダーマンを倒すことで手に入るよ。ブレイズパウダーはネザーでブレイズを倒すことで手に入る。ひえー！　要塞を見つけてエンドポータルの部屋を突き止めたら、エンドポータルを起動するために、さらにエンダーパールが必要。がんばってね！

そこに着いたらどうなるの？

果ての世界に到着すると、エンダードラゴンがお出迎え。いやいや、そんな友好的なドラゴンじゃないよ（だったらいいのに！）。その代わりに、これまでで最大のボス戦に挑まなきゃならない。逃げられると思っているなら、大間違いだよ。ひとたび果ての世界に入ったら、出られる方法は２つしかない。エンダードラゴンを倒すか、エンダードラゴンに倒されるかだ。装備を整えよう！

それでも行きたいのはどうして？

確かに、ここまでの話はとても恐ろしいものに聞こえるかもね。そのとおり。戦う準備ができていないなら、果ての世界へ行くべきじゃない。でも、戦いも大きな楽しみなんだ！　いつか、このような挑戦がしたくてたまらなくなるはずだよ。絶対に！　それに、エンダードラゴンを倒せば、エンドシティを訪れることができるんだ。そこには、エリトラ（空を飛べるようになる翼）などの素晴らしい戦利品がたくさんあるんだ！

なぜ クリエイティブモードを選ぶの？

思う存分に建築を楽しみたいのであれば、このモードがおすすめです。敵対モブを恐れる必要はなく、先にすべてのブロックを集めるという難題もありません。

クリエイティブモードとは？

サバイバルモードでは生き残るためにプレイしますが、クリエイティブモードでは創造するためにプレイします。持ち物には、建築用のブロック、TNT、モブスポナーなど、あらゆるブロックが用意されています。想像の及ぶ限り何でもできます。動物保護区を建設したいですか？　やってみましょう！　極秘の地下隠れ家を建てたいですか？　オーバーワールドは思いのままです。

なぜクリエイティブモードを選ぶの？

制限がない

クリエイティブモードでは、制限なくブロックにアクセスでき、それらをすべて持ち物に入れることができます。サバイバルモードとは違い、別の次元に行ってブロックを手に入れる必要はありません。何でも好きなものを使って建築できます！ 持ち物を開いて選ぶだけです。

スピード

ブロックを集めたり作ったりする必要がないのは、大きな利点です。巨大なガラスの城を建てたいなら、すぐに始められます。あらかじめ大量の砂を探して、ガラスに精錬する必要はありません。ブロックをホットバーに置くだけです。使い切ってしまうこともありません。

敵対モブがいない

日が沈むたびに倒されることに、うんざりしていませんか？　クリエイティブモードでは、太陽が沈まない設定を選択できるだけでなく、敵対モブに怯えながらプレイする必要もありません。モブがプレイヤーを攻撃することはありません！

飛べる

空を飛べるエリトラを見つけるために、果ての世界に行く必要はありません。2回ジャンプするだけで、上へ上へと舞い上がれます！　これにより、建設に適した場所を見つけるのがずっと簡単になり、大きな構造物を作るために壁に登る必要もなくなります。

お腹が空かない

クリエイティブモードでは飢えに怯えることなく、何時間でも建築を続けられます。想像してください。緊急のおやつ休憩が必要なくなることで、どれだけ建築がはかどり、どれだけブタを救えるのかを！

場所を選ぼう

最初に決めなければならないのは「どこに建てるか」です。選べるバイオームがとても多いので、確かに難しい問題です。あなたはラッキーですね。実は私、アン・スケープはたまたま風景の専門家なんです。まあ、見るのが好きなだけですが、お役には立てますよね？　では、完璧な場所を見つけましょう！

砂の風景

太陽の下で楽しむために、砂漠のバイオームで良い場所を探してみませんか？　巨大な砂の城を建てたり、平らな場所に巨大なピラミッドを作ったりできます。可能性は無限です！

山の景色

山頂からの景色に勝るものはありません。基地は、山頂から突き出すように作ったり、山腹を掘って作ったりできます。オーバーワールドの頂上にいるような気分を味わえます！

冬のワンダーランド

暖かくして雪のバイオームへ向かい、素敵な基地を作りましょう。そこは、居心地の良いシャレーやイグルー、氷の城などを建てるのに最適です。

水中王国

クリエイティブモードで死なないことの大きなメリットは何でしょう？　もちろん水中での呼吸です！　そうです、人魚になる夢を実現して、海の下で暮らせるのです。

森の中の開けた場所

森林のバイオームのこの夢のような空間には、誰もがログハウスを建てたいと思うでしょう。もっと広いスペースが必要なら、何本かの木を取り除いて地面を平らにするだけです。

“これらのバイオームに歩いて行くのは時間の無駄です。2 回のジャンプで空を飛びましょう！”

ゼロからスタート

完璧な場所を見つけたようだな。基地を建てるのを手伝うために戻ってきたぞ。なに、おれを覚えてない？　ビルに決まってるだろ！　有名なMinecraftの建築家の！　おれのことを知らないって、どういうことだよ？　傷つくなぁ。まあ、そのうち仲間のみんなにおれのことを話してるだろうよ。ビル・ディングだからな、わかったかい。建物の「ビル」だ。

建築用ブロック

始める前に、どのブロックを使うかを決めなきゃな。あまりにたくさんのブロックから選ぶんだから、何から始めたらいいのかわからなくなることもあるかもな。まずは少ない種類のブロックを選んで、外観を作るといい。たとえば、この建築では、これらのブロックとアイテムだけを使ってるぞ。

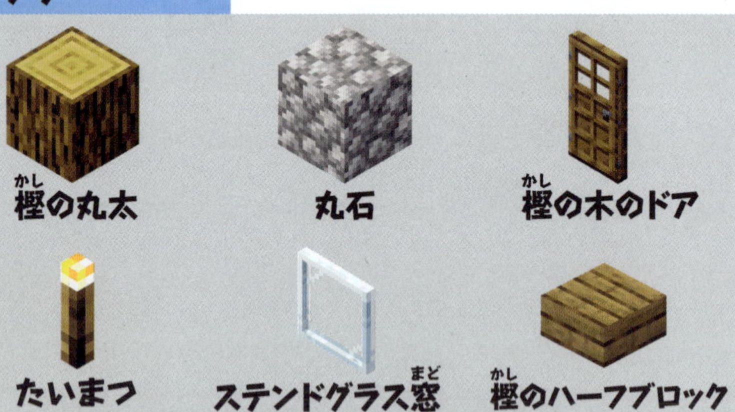

ステップ 1

まず、6本の柱を立てるんだ。7×9ブロックの長方形のそれぞれの長辺に、3ブロックの高さの樫の丸太を、3本ずつ等間隔で配置する。柱の列の間のスペースを掘り下げて、樫のハーフブロックに置き換えて床にする。そして、建物の前にはハーフブロックを1つ追加する。ここはドアになるぞ。

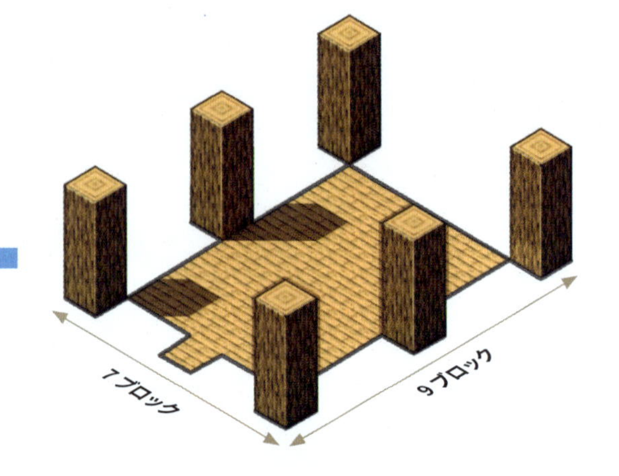

ステップ 2

柱と柱の間の壁を丸石で埋めて、正面にドア用の高さ2ブロックのスペースと、側面に窓用の穴をいくつか空けておくんだ。家の正面と背面の壁の上に、さらに3ブロックの丸石ブロックを置こう。

ステップ 3

家の正面には樫の木のドアを付け、窓の穴にはステンドグラス窓をはめ込むんだ。次に、たいまつをいくつか置いて、建物の内側と外側の両方を照らすんだ。

最後に一番難しい部分、屋根に手をつけよう。まず、建物の長いほうの壁の一番上の層の周りに、樫のハーフブロックで縁を取り付ける。前後には、1ブロックずつ回り込むように取り付ける。次に、2ブロックの層を重ねていって、真ん中で合わさるように屋根を作り上げるんだ。

前面

細部の仕上げ

いい出来だ。クリエイティブ モードで最初の基地ができたな。でも、お楽しみはまだ終わりじゃないぞ。次は飾り付けだ。持ち物には家具のアイテムがそれほどない。家具をそろえるには創意工夫が必要なんだ。じゃあ、基本的な家具をいくつか作って、それを微調整したりカスタマイズしたりする方法を見てみよう。

椅子

Minecraftに使える椅子はないが、椅子に似たものを作っちゃならないわけじゃない。ハーフブロックやドア、階段、トラップドアを使えば、どんな種類の椅子でも作れるぞ。

テーブル

テーブルは、さまざまな意外なブロックで作れるんだ。階段やハーフブロック、トラップドア、柵、カーペットのほか、金床だって使えるぞ。

エンチャントコーナー

本棚を使えば、完璧なエンチャントコーナーが作れるぞ。あるいは、エンチャントテーブルを省いて書庫を作り、壮大な物語でいっぱいにすることもできる。

収納スペース

もし、おれと同じように整理整頓が好きなら、この壁一面のチェストを作るのはどうだい。それぞれのチェストにはラベルを付けて、中身がわかるようにするんだ。はしごを取り付ければ、どのチェストにも手が届くぞ!

ベッド

ベッドが寝るためのものだからといって、退屈なものにする必要はない。ハーフブロックやトラップドア、木材、作業台などを使って、おしゃれなものにできるぞ。

じゅうたん

じゅうたんは建物を個性的にするのにぴったりだ。違う色のカーペットを使えば、模様が作れるぞ。

ポーションカウンター

ポーションカウンターがあれば、キッチンはいらない。ハーフブロック、ブロック、壁を使って枠組みを作り、魂のランタンを追加してみたぞ。

緑を豊かに

これで終わりとは思ってなかったよな？　屋外には、まだまだたくさんの装飾を加えられるぞ！　持ち物には、庭に追加できる木や葉っぱ、花がたくさん入ってるだろう。植物だけでも豊富にあるんだ。本当に素晴らしい屋外スペースにするために、作れるものはたくさんある。いくつかのアイデアを見てみようじゃないか！

鉢植え

古代の壺を使うか、土ブロックの周りにトラップドアを取り付けてプランターを作ってから、柵や葉っぱを加えて木や低木を作れるぞ。鉢の中の小さな木ほどかわいいものはないよな？

照明

確かに、たいまつやランタンはそのままでも素敵だな。でも本当にそんな単純なもので済ませていいのか？　そんなわけないよな！　壁や柵、トラップドア、ハーフブロックなどを使って、独自の照明を作り出すんだ。

ブランコ

庭のブランコが嫌いな人はいないよな。木に丸太を取り付けて枝を作ってから、ハーフブロックに取り付けたチェーンを使って、庭のブランコを作るんだ。トラップドアを使って、座る板に背もたれを付けよう。

井戸

この井戸はぜひ作ってくれ！　ブロック、ハーフブロック、壁、柵を組み合わせて井戸を組み立ててから、水源ブロックとチェーンを加えるんだ。

噴水

まず、模様のある中庭と彫像を作る。次に階段を使ってプールを作り、像の上に水源を取り付けて噴水を作るんだ。

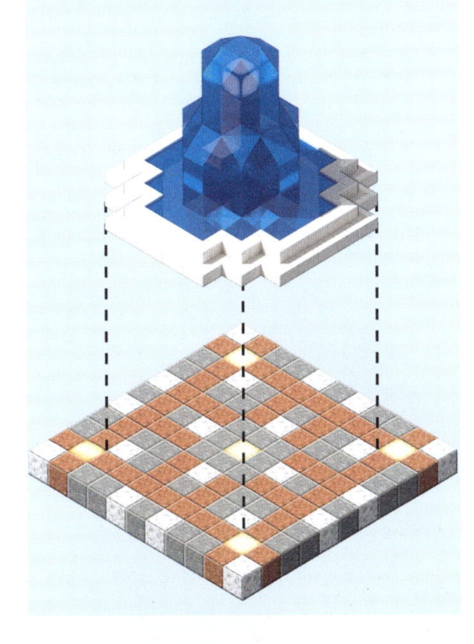

池

カエルが泳げる池を作ろう。いびつな円形に掘って水を入れ、スイレンの葉を加える。次にその周りを他の植物やブロックで囲むんだ。

橋

橋は思い切ってクリエイティブに作るといいぞ。伝統的なアーチ型の橋でもいいけれど、たとえばたき火を使えばもっと素朴なものも作れるんだ。ただし、渡る前に必ず火を消すのを忘れずにな！

小道と道路

建物につながる小道や道路は、使うブロックによって個性を出せるんだ。この道路はブラックストーンと骨ブロックで作られていて、小道は石を組み合わせているぞ。

ここで作ったものを組み合わせて、楽しい屋外スペースを作り上げる方法については、92ページを参照してくれ！

建築のアイデア

ここにあるのは、おれが建てた建築物のほんの一部だ。おれがどうして有名なのか、もうわかったかな？　わからない？　まあ、もっと良いものを作ってくれ！ 最初の基地ができたら、それを改造して新しいものを作る方法はいくらでもあるからな。見てくれよ！　どれも最初に建てたもののバリエーションだぞ。

アパート

基地を高さのあるアパートに変えよう。元の基地を何層か重ねてアパートを作るんだ。階段を追加することを忘れずにな！

お店

お店を出したいって？　日よけと大きな窓、それから書見台をいくつか追加すれば、素敵な店構えの出来上がりだ！

牢屋

このモードでは、敵対モブに倒されることはないけれど、邪魔なときは、いつでも牢屋に送ることができる。建物に鉄格子を追加し、屋根を平らにするんだ。

色を加える

ここで紹介するブロックを使って、建築物に色を加えられるぞ。次の基地にこれらを取り入れてみるのはどうだい?

家畜小屋

モブ好きの人たちのための小屋だ!ドアを取り外して柵を追加し、お気に入りのモブたちの家にしよう。

図書館

持ち物には、本棚が1種類だけなく2種類あるんだから、図書館はぜひ作ろう。

城

王様と女王様にふさわしい基地が欲しいって?上部に沿って銃眼を追加し、出入り口の前にトラップドアを取り付けて、堂々とした外観にしよう!

村を作ろう

いろんな建物の建て方がわかったんだから、それらを組み合わせて自分だけの村を作ってみるのはどうだ？　いろいろなショップが並(なら)ぶ通りや、村の広場、かわいいテラスハウス、アパート、農場など、好きなものを何でも作れるぞ。可能性(かのうせい)は無限(むげん)！　クリエイティブに楽しむんだ！

牢屋
池
城
小道
アパート
噴水橋
街灯

おわりに

さて、これで終わり！　Minecraftですごい冒険を始めるために必要な道具はバッチリだ。ワクワクしてる？　私たちも、すごくワクワクしてるよ！

最初に何をする？　サバイバルモードでモブの大群を撃退する？　それともクリエイティブモードで素晴らしい建築物を作る？

いずれにしても、広大でスリリングな世界を知り、発見する最高の時間を過ごせることを願っているよ。